Es darf als ein Zeichen hohen geistigen Aufschwunges betrachtet werden, wenn bei einem Volk aus lauterem Wissensdrang das Verlangen sich regt, den Schauplatz, auf dem der Mensch sich bewegt, über die Grenzen des engeren Heimathsgebietes hinaus in seiner Allgemeinheit kennen zu lernen und in seinem Wesen zu erfassen. Ist auch dieses Streben bei den leitenden Culturvölkern unserer Zeit so allgemein, dass es Manchem wie ein eingeborener Trieb der menschlichen Natur erscheinen könnte, so ist es doch im Lauf der Geschichte selten hervorgetreten. Die Erweiterung des Gesichtskreises durch die Eröffnung ferner Handelsbeziehungen hat nur bei einzelnen Nationen zu dem Verlangen geführt, das neu Erschlossene zu erforschen und Reisen über die jeweiligen Grenzen des Horizontes hinaus zu dem idealen Zweck der Vertiefung des Wissens von der Erde auszuführen. Wenn durch eine Reihe erfolgreicher Kriegszüge ein Weltreich gegründet wurde, musste wohl der Wunsch der Beherrschung des neu erworbenen Besitzes das Bedürfniss nach dessen genauerer Kenntniss, nach Erkundigungen über die Bevölkerung, die Erzeugnisse und die Verkehrswege nach sich ziehen; aber nur in wenigen Fällen waren höhere Ziele damit verbunden. Es lässt sich durch alle Geschichte hindurch die Erscheinung verfolgen, dass das Erwachen des Geistes der Forschung und der philosophischen Verarbeitung des Erforschten, welcher die wissenschaftliche Richtung in der Geographie kennzeichnet, nicht eine unmittelbare Folge der räumlichen Erweiterung des Horizontes gewesen ist, sondern nur dann dieselbe begleitete, wenn das gesammte geistige Niveau eines Volkes eine ungewöhnliche Höhe, besonders in der Richtung des Eindringens in die Erscheinungen der Natur, erreichte.

Bei den Culturvölkern, welche sich in früher Zeit am unteren Nil und in dem gesegneten Alluvialland des Euphrat und Tigris entwickelten, bewundern wir die Höhe der astronomischen Kenntnisse; aber es ist uns geringe Kunde von der Art geworden, wie sie die irdischen Erscheinungen über die Grenzen ihrer Heimathsländer hinaus erfassten. Dagegen besitzen wir in der Völkertafel der Genesis ein vereinzeltes Monument, welches auf eine erstaunliche ethnographische Kenntniss in sehr früher Zeit deutet. Wenn die Phönicier diese durch ihre weiten Fahrten gefördert haben mögen, so ist doch kein Anhalt dazu gegeben, bei ihnen einen regen Forschungstrieb vorauszusetzen. Die Chinesen befanden sich seit alter Zeit im Besitz einer entwickelten Heimathskunde; ein lebhaftes Interesse für ferne Länder entstand erst im dritten Jahrhundert vor unserer Zeitrechnung, erhielt sich aber in den strengsten Grenzen der Chorographie. Auch wenn es später in den einzelnen Perioden der Erweiterung des Gesichtskreises wieder erwachte, nahm es nie einen höheren Flug; denn die philosophische Erforschung der Natur lag dieser Rasse immer fern. Das einzige Volk des Alterthums, bei dem uns ein wissenschaftlicher, auf Erkenntniss der ganzen Erde gerichteter geographischer Sinn entgegentritt, sind die Griechen. Durch Handel und Colonien hatten sie ihrer Kenntniss eine Welt erobert, deren Grenzen durch Alexander's

AUFGABEN UND METHODEN

DER

HEUTIGEN GEOGRAPHIE.

AKADEMISCHE ANTRITTSREDE, GEHALTEN IN DER AULA
DER UNIVERSITÄT LEIPZIG AM 27. APRIL 1883

VON

DR. FERDINAND FREIHERR VON RICHTHOFEN.

LEIPZIG,
VERLAG VON VEIT & COMP.
1883.

In dem nachfolgenden Aufsatz ist die in der Aula gehaltene Rede inhaltlich wiedergegeben, aber mehrfach durch längere Ausführung erweitert worden.

Druck von Metzger & Wittig in Leipzig.

Züge erweitert wurden. Die Art, wie sie dieselbe mit geistigem Auge zu erfassen suchten, bezeichnet die Grösse ihrer wissenschaftlichen Begabung und den erhabenen Standpunkt, zu welchem ihre gesammte geistige Thätigkeit sich aufgeschwungen hatte. Wir bewundern heute noch ebenso die Darstellungen aus der Länder- und Völkerkunde, welche uns Herodot und Strabo hinterlassen haben, wie die Höhe, zu welcher die Ausbildung der kosmologischen Anschauung eines Pythagoras, durch ihre praktische Anwendung auf die Messung und Darstellung der Erdoberfläche, stufenweise einen Eratosthenes, Hipparch und Ptolemäus geführt hat.

Umfassender war der Gesichtskreis, welchen die Weltherrschaft den Römern brachte. Leicht wäre für sie die Aufgabe gewesen, die Länder innerhalb desselben und weit über ihn hinaus kennen zu lernen und mit griechischem Wissen zu erforschen. Aber ihre geographische Anschauung erhob sich nie über die niedersten Stufen einer einfachen Chorographie; nie kam es bei ihnen zu einer tieferen wissenschaftlichen Durchdringung.

Erst die Gründung des grossen Khalifenreiches weckte wiederum, und diesmal bei einem Volk anderer Rasse, den Trieb nach eingehenderer Erkenntniss desjenigen Theiles der Erde, welcher innerhalb des durch Eroberung, Religionsausbreitung und Handel gewonnenen Horizontes lag. Aber ihre grossen griechischen Lehrmeister vermochten die Araber bei weitem nicht zu erreichen. Schnell hatte der geistige Aufschwung bei ihnen seinen Höhepunkt überschritten. Ihre Traditionen jedoch, im Verein mit der Anregung durch die Kreuzzüge, die ausgedehnten Reisen von Marco Polo und die Einführung des Compass, im Verein ferner mit der Wiedererweckung des Vermächtnisses von Ptolemäus und mit dem allgemeinen geistigen Aufschwung, begannen endlich im Abendland zu wirken, und alle diese Factoren führten zu der gewaltigen Erweiterung räumlicher Kenntniss, wie sie sich in dem grossen ersten Zeitalter der Entdeckungen vollzog.

Seitdem sehen wir solche Zeiten, in denen Entdeckungsreisen das kartographische Bild von der Erdoberfläche vervollständigen, und eine überströmende Fülle neuer Thatsachen, welche mit Eifer verzeichnet werden, das Interesse der Gebildeten in Spannung erhält, mit anderen wechseln, in denen das Streben des Ordnens und Sichtens nach mehr oder weniger wissenschaftlichen Gesichtspunkten vorwaltet.

Zum letzten Mal vollzog sich dieser Wechsel in unserer Zeit. Denn in der Mitte des gegenwärtigen Jahrhunderts begann ein neues Zeitalter der Entdeckungen, welches sich vor allen früheren dadurch auszeichnet, dass das Streben nach Gewinn und politischer Macht nur zum Theil die leitenden Motive des Vordringens Einzelner in unerforschte Gegenden sind, und ein enthusiastischer idealer Drang nach vollkommener Kenntniss des Erdballs in allen seinen Theilen, wie er einen Humboldt vor achtzig Jahren nach Amerika geführt hatte, vorwaltend an deren Stelle getreten ist. Die kühnen Entdecker im Zeitalter der Conquista können uns wenig Bewunderung abnöthigen; denn ein unbezähmbarer Durst nach Gold leitete ihre Thaten. Die Kenntniss des Inneren von Afrika hingegen verdanken wir grösstentheils Männern, welche, vom reinsten Forschungseifer beseelt, sich den gefahrbringenden Aufgaben opferwillig widmeten.

Noch ist dieses Zeitalter nicht zu Ende; noch vermehrt jeder Monat den thatsächlichen Bestand unserer Kenntniss fremder Erdräume. Das geographische Material aber, welches wir jetzt in Zeitschriften und Handbüchern neu einzuregistriren haben, ist von dem, welches in früheren Jahrhunderten gesammelt wurde, wesentlich verschieden. Denn die Methoden der Beobachtung haben sich ausserordentlich vervollkommnet. Was man ehemals zu kennen glaubte, muss, um den jetzigen Anforderungen an das Kennen zu genügen, auf's Neue erforscht werden. In weit höherem Maass als je zuvor tritt daher an uns die Aufgabe heran, den überreich werdenden Stoff systematisch zu sichten und zu verarbeiten, und in der stetig sich vermehrenden Mannichfaltigkeit den leitenden Faden für einheitliche wissenschaftliche Behandlung zu finden. Die Berührungspunkte mit anderen fest begründeten Wissenschaften sind so vielfältig geworden, und es findet mit mancher unter ihnen ein so inniges Ineinandergreifen der Aufgaben statt, dass es oft unmöglich erscheint, eine Grenzlinie zu entdecken. Es ist daher die Frage aufgeworfen worden, ob die Geographie überhaupt noch als eine besondere Wissenschaft in ihrer Stellung zwischen einer Anzahl anderer wohl gepflegter Disciplinen fortbestehen könne. Bei den lebhaften Discussionen über ihre Begriffsbestimmung und Abgrenzung sind weit auseinandergehende Ansichten geltend gemacht worden. Mit auffallendem Mangel an Verständniss für ihre Aufgaben wird die Geographie von Einigen nur als eine Hilfswissenschaft der Geschichte erklärt, während eine andere einseitige Auffassung in ihr eine reine Naturwissenschaft erkennen und das auf den Menschen bezügliche Element ganz aus ihr verdrängen möchte. Noch Andere sprechen ihr einen Dualismus zu, dem die Einheitlichkeit mangle, und diese Ansicht wird scheinbar durch manche

Lehrbücher gerechtfertigt, welche keine andere Unterscheidung, als diejenige in physikalische und politische oder historische Geographie kennen. Wir stehen offenbar noch in einer Zeit lebhafter methodischer Entwickelung, aber es mehren sich die Zeichen allseitiger Klärung.

Die Discussionen knüpfen sich häufig, und zum Theil mit Recht, an den Namen des geistvollen Mannes, welcher an dieser Hochschule vor einem Decennium durch seine Vorträge über Geographie mächtig anregend wirkte, und dessen frühen Tod wir noch heute beklagen. Wenn Derjenige, welchem die Ehre zu Theil geworden ist, nach längerer Unterbrechung an seine Stelle zu treten, es unternimmt, die Ziele, wie sie sich in der Gegenwart für die Geographie gestaltet haben, darzulegen, so ist er sich wohl bewusst, in Ermangelung objectiver Feststellung derselben grossentheils persönlichen Auffassungen Ausdruck zu geben.

Wir dürfen zur Klarheit zu kommen hoffen, wenn wir einerseits den Gegenstand und die Aufgaben unserer Wissenschaft in's Auge fassen, andererseits die Methoden, nach welchen die Bewältigung der gefundenen Aufgaben ausführbar erscheint.

I.

Den Stoff, welcher den Gegenstand der Geographie zu bilden hat, bestimmt abgrenzen zu wollen, darf gegenwärtig als ein vergebliches Bemühen bezeichnet werden. Scharfe Umfassungslinien sind ja überhaupt objectiv nur für wenige Wissenschaften gegeben. Der Umfang der meisten schwankt in einem gegebenen Zeitpunkt nach subjectiver Auffassung und ändert sich ausserdem, oft in rascher Folge, von einer Zeit zur anderen. Nur die reine Mathematik befindet sich im glücklichen Besitz gesicherter Grenzen. In beschränkterem Maass gilt dies von der Chemie, Physik und Astronomie. Ungünstig sind in derselben Beziehung die historischen Wissenschaften gestellt; wir brauchen nur der Umgestaltungen zu gedenken, welche die Philologie hinsichtlich der Grenzen der ihr zugewiesenen Gegenstände und Aufgaben erfahren hat. Indessen lässt sich doch in der Regel für jede einzelne Wissenschaft ein bestimmtes, ihr ausschliesslich als Eigenthum zugehöriges Gebiet erkennen, um welches sich streitige Grenzgebiete lagern; auf ihnen finden die Verschiebungen vorwaltend statt.

Bei keiner Wissenschaft sind diese Grenzgebiete in so grosser Zahl und Mannichfaltigkeit vorhanden, wie bei der Geographie. Daher ist es für sie in besonderer Weise erforderlich, innerhalb der Sphäre variabler Verschiebungen eine feste centrale Stellung zu nehmen; es wird ihr dann leichter sein, sich mit den Nachbarn bezüglich der streitigen Punkte abzufinden.

Diese feste Stellung erhält sie in erster Linie dadurch, dass ihr die Erdoberfläche als ihre eigenste Domäne zugehört. Damit hat sie eine feste, gesicherte Basis. Von ihr aus geschehen die Berührungen und zugleich Verkettungen mit den Wissenschaften, welche sich mit dem, was unter der Erdoberfläche ist, mit dem, was auf ihr lebt und vorgeht, und mit dem, was ausserhalb ihr in den Himmelsräumen besteht, beschäftigen. Wie in zweiter Linie die Art dieser Berührungen die Stellung der Geographie bezeichnet, werden wir im Verlauf der weiteren Betrachtung erörtern. Bleiben wir bei dem ersten Punkt stehen, so ist es klar, dass die Erdoberfläche an sich das Forschungsobject keiner einzigen unter den anderen Wissenschaften bildet. Wohl gehen einige von ihnen, wie die Geologie oder die Nationalökonomie, von der durch die Geographie gegebenen Kunde der Erdoberfläche aus; aber sowie sie diese selbst in den Kreis erörternder Betrachtung ziehen, arbeiten sie als gern gesehene Genossen auf dem Felde der Geographie.

Was aber ist diese »Erdoberfläche« des Geographen? Wollen wir sie begrifflich erklären, so haben wir unter ihr zunächst die mathematische Begrenzungsfläche der festen Erdrinde oder Lithosphäre zu verstehen. Allein es lagern darüber noch zwei Erdhüllen: die tropfbar flüssige oder Hydrosphäre, welche jene nur theilweis bedeckt, und die gasförmige oder Atmosphäre, welche die beiden anderen vollständig umgiebt. Durch Hinzuziehung der Hydrosphäre erhalten wir eine zweite, aus den Elementen des Festen und Flüssigen zusammengesetzte, die Basis der Lufthülle bildende Erdoberfläche, wie wir sie auf Karten darzustellen pflegen. Die eigentliche Begrenzungsoberfläche des Irdischen, an der Aussenseite der Atmosphäre, entzieht sich unserer Wahrnehmung und gestattet nur eine theoretische Auffassung. Wenn nun alle drei Grenzflächen in das Erforschungsgebiet des Geographen gehören, so können wir das, was zwischen ihnen liegt, das heisst die Atmosphäre und die Wasseransammlungen, aus dem Bereich derselben nicht ausschliessen; auch sie werden als solche von keiner anderen Wissenschaft behandelt. Damit sind wir über den mathematischen Begriff hinaus bei einer materiellen Auffassung der Erdoberfläche angelangt, und diese Auffassung haben wir auch auf die Oberfläche des Festen zu übertragen. Wir haben sie als etwas aus Stofflichem Zusammengesetztes, also eine materielle Oberflächenschicht zu betrachten, welche unter der Einwirkung von Kräften steht.

Die erste Aufgabe, welche sich für die Erforschung des hier bezeichneten Fundamentalgebietes ergiebt, ist rein morphographisch. Sie besteht in der Ausmessung der mathematischen Flächen, welche das Feste und das Flüssige, zunächst Land und Meer, dann aber auch die stehenden und fliessenden Gewässer auf dem Festland, gegen die Atmosphäre abgrenzen, sowie der Linien, welche sie gegenseitig von einander scheiden. Die Grenzlinien zwischen Land und Meer dienen uns als horizontale Componenten, zu denen die verticale ergänzend hinzugezogen wird, um das plastische Relief der Festlandstheile zu bestimmen. Das aus der Lösung dieser Aufgabe sich ergebende Bild ist auf der Landkarte mit solcher Genauigkeit wiederzugeben, dass diese selbst, als ein reales Abbild der Erdoberfläche, ein Fundament für geographische Forschung werden kann, in weit höherem Maass, als es eine durch Photographie verkleinerte Felsinschrift für die archäologische Untersuchung ist. Es tritt hierzu die supplementäre Aufgabe, die Grenzfläche zwischen Festem und Flüssigem, vor Allem also die Bodengestalt der Oceane und grossen Landseen, zu bestimmen. Daraus ergeben sich von selbst, als Gegenstand vergleichender Betrachtung, die Volumina der Meere und Seen, sowie diejenigen der über das Meeresniveau aufragenden Theile des Festen.

Aus der Behandlung dieser ersten, auf der Anwendung von Maass und Zahl beruhenden Grundaufgabe erwachsen sofort mancherlei Probleme. Wenn, im Gegensatz zu der regelmässigen Gesammtgestalt des Erdkörpers, zunächst die Regellosigkeit in der Vertheilung der Oceane und Festlandsmassen auffällt, so entdeckt der aufmerksame Blick doch bald gewisse Gesetzmässigkeiten in dieser; die Begrenzungslinien lassen eine Reihe meist schon früh gefundener, homöomorpher Gestalten hervortreten; in der Anordnung der Inseln verrathen sich Beziehungen bald zu den Continenten, bald zu Anschwellungen des Bodens in den centraleren Theilen der Weltmeere. Aehnliche, wenngleich schwerer zu erkennende und vorsichtig zu behandelnde Gesetzmässigkeiten lassen sich bei der Betrachtung der Bodenplastik mit Rücksicht auf die elementarste Unterscheidung verschiedener Stufen von Hochland und Tiefland wahrnehmen. Ein Blick auf den Globus zeigt, dass die grossen Tiefländer der Erde dem atlantischen Meer und seiner nordöstlichen arktischen Fortsetzung zugewandt sind, der pacifische Ocean hingegen von wenig unterbrochenen Anschwellungen des Bodens begrenzt wird. Bei eingehenderer Betrachtung erkennen wir, wie jeder Continent an einer Seite von einer Hochlandzone durchzogen wird, deren Volumen eine gewisse Beziehung zu seiner Flächenausdehnung zu haben scheint, während an der entgegengesetzten Seite eine zweite Hochlandzone von geringerer Höhe mit der ersten ein tiefer gelegenes Becken einschliesst. Durch derartige Betrachtungen, welche einer Fortführung bis in kleine Einzelheiten fähig sind, gehen schon aus der auf die Morphographie allein gegründeten Vergleichung eine Reihe von Problemen hervor, welche sich zu Aufgaben für weitere wissenschaftliche Erforschung gestalten.

Eine zweite fundamentale Aufgabe besteht in der Betrachtung der Erdoberfläche in ihrer Stellung zu den Himmelskörpern, vor Allem zu Sonne und Mond. Dieses Verhältniss ist in erster Linie Gegenstand der Astronomie. Sie stellt dasselbe durch Methoden fest, welche dem Forschungsgebiet des Geographen fern liegen; aber sie giebt diesem die Instrumente und die Wege an die Hand, um es zu einem Mittel der vorher genannten Messungen zu gestalten, die Erdoberfläche nach dem mathematischen Netz von Längen- und Breitengraden einzutheilen und die Lage der einzelnen Orte in diesem Netz zu bestimmen. Dieser Wissenschaftszweig, welcher für die Geographie nicht Zweck, sondern Mittel ist, wird mit Recht als astronomische Geographie bezeichnet. Aus ihm erwachsen hohe theoretische Probleme der reinen Geographie, welche sich auf die Beziehungen der Erscheinungen auf der Erdoberfläche zu der kosmischen Stellung des Planeten gründen und zu den wichtigsten und weittragendsten gehören.

Tritt schon hier die Geographie in engere Beziehung zu einer anderen Wissenschaft, ohne welche sie unfähig sein würde, ihre morphographische Grundaufgabe zu lösen, so kommt sie in einen Bereich lebhafterer Wechselwirkung, wenn sie die stoffliche Zusammensetzung der materiellen Erdoberfläche nebst den in der letzteren wirkenden Kräften und deren Aeusserungsformen in Betracht zieht. Hinsichtlich der Atmosphäre ist die Scheidung leicht. Der Chemiker und der Physiker untersuchen durch exacte Methoden ihre elementaren Bestandtheile und ihre Eigenschaften, wie die Wärmecapacität, die Ausdehnung durch Erwärmung, die Temperaturveränderung durch Verdichtung und Verdünnung, die Fähigkeit zur Aufnahme von Wasserdampf bei verschiedenen Temperaturen u. s. f. Ihnen entnimmt der Geograph die Instrumente und Methoden, um an seine eigenen Aufgaben zu gehen, welche zunächst darin bestehen, von Ort zu Ort und von Fall zu Fall den Gehalt der Luft an Kohlensäure, Wasserdampf und anderen Bestandtheilen zu untersuchen, die Temperatur zu messen, die Dichtigkeit zu bestimmen. Er betrachtet das Wie dieser Erscheinungen in seiner Beziehung zu dem Wo auf der Erdoberfläche in horizontaler und verticaler Richtung und wird unmittelbar dazu geführt, nach der Herleitung der Phänomene aus den von dem Physiker gefundenen Gesetzen und nach ihrem ursächlichen Zusammenhang mit der örtlichen Bodenplastik, der örtlichen Lage auf dem Erdball und der ganzen Summe örtlicher Factoren zu fragen. Daran knüpft sich die weitere Aufgabe, die an einer ganzen Reihe von Oertlichkeiten beobachteten Erscheinungen vergleichend zusammenzustellen und schliesslich über die ganze Erdoberfläche zu verfolgen. Es ergeben sich daraus Temperaturzonen, welche durch Isothermenlinien begrenzt werden, und eine Fülle anderer, einer ausgedehnten Anwendung fähiger Gesichtspunkte.

In ähnlicher Weise würden sich die Unterschiede der Aufgaben, welche sich dem Physiker und Chemiker einerseits und dem Geographen andererseits darbieten, bezüglich der stofflichen Zusammensetzung und der Eigenschaften der Hydrosphäre durchführen lassen. Auch hier fusst der Geograph auf den von Jenen ausgeführten allgemeinen Bestimmungen und bedient sich der von ihnen erhaltenen Untersuchungsmethoden.

Während sich auf diesen Gebieten das Arbeitsfeld des Geographen ziemlich exact abgrenzen lässt, gilt nicht das Gleiche, wenn wir auch die feste Erdoberfläche nicht mehr in mathematischem Sinn, sondern als eine materielle Oberflächenschicht auffassen und hinsichtlich ihrer stofflichen Zusammensetzung und ihrer Eigenschaften untersuchen. Insoweit die letzteren nebst den in dem Stofflichen sich äussernden Kräftewirkungen auf den ganzen Erdball Bezug haben, gehören sie einem besonderen Gebiet, der Geophysik, an, welches in erster Linie von der Astronomie, in zweiter von der Geologie und erst in dritter von der Geographie bearbeitet wird und, obgleich von allen Dreien beansprucht, doch keinem von ihnen unbedingt und ausschliesslich eingeordnet werden kann. Indessen bilden die ihm angehörigen Untersuchungen über das specifische Gewicht des Erdballs und seiner Theile, über die Eigenwärme desselben in ihrer Anordnung nach Tiefenstufen, über die magnetischen Kräfte und die Wirkungen tellurischer und kosmischer Attraction, eine unentbehrliche Grundlage für die Aufgaben der Geographie und verschmelzen unmittelbar mit einigen der letzteren, insoweit sie auf die Erdoberfläche Bezug haben.

Die Kenntniss der stofflichen Zusammensetzung der Oberflächenschicht des Festen wird ein immer dringenderes Bedürfniss für die wissenschaftliche Geographie und stellt sich nächst der Plastik als am meisten grundlegend für die meisten weiteren Untersuchungen dar. Denn die Organismen leben und bewegen sich nicht auf der mathematischen Oberfläche, sondern auf und in der obersten Erdschicht; in ihr wurzelt mit vielen Fasern die Existenz des Menschen; an ihr arbeiten umgestaltend Wasser und Luft. Ohne Kenntniss der Natur des Bodens kann daher die Oberfläche in dem Sinn, wie wir es heute verlangen müssen, nicht verstanden werden. Die Formen an sich sind starr und todt. Leben und Inhalt gewinnen sie erst, wenn ihr materieller Bestand bekannt ist. Um uns die Kenntniss des letzteren anzueignen, stützen wir uns auf die Ergebnisse der Gesteinskunde. Wie der Petrograph das Studium der in die Gesteinszusammensetzung eintretenden Gemengtheile dem Mineralogen überlässt, aber mit dessen Ergebnissen bekannt sein muss, und wie Beide bezüglich der Untersuchung der molekülaren Constitution vom Chemiker abhängig sind, aber dessen Methoden selbst kennen sollten, so lernt der Geograph von dem Petrographen die systematischen Unterschiede der einzelnen Gesteine und Bodenarten, sollte aber mit den Gründen der Unterscheidungen vertraut sein und die letzteren anzuwenden verstehen.

Die Geologie beschäftigt sich indessen mit den Gesteinen nicht nur nach dem Gesichtspunkt ihrer Zusammensetzung, sondern auch nach demjenigen ihrer Lagerungsverhältnisse; sie lehrt die Formationen nach ihren organischen Einschlüssen unterscheiden und ihre aus beiderlei Verhältnissen sich ergebenden Altersunterschiede erkennen. Es könnte scheinen, als ob diese Kunde, welche in das Forschungsgebiet des Geographen nicht nothwendig gehört, überhaupt für seine Arbeiten überflüssig sei. Allein was den ersteren Punkt, die innere Tektonik der einzelnen Elemente des Erdoberflächenreliefs, betrifft, so kann er ein wahres Verständniss für irgend einen Erdraum erst dadurch gewinnen, dass er sich auch die hierauf bezüglichen Resultate der Arbeit des Geologen aneignet oder sich selbstthätig an dieser betheiligt. Was das Zweite, die Unterscheidung der Gesteine nach Altersstufen, anlangt, so ist sie für den Geographen nur mittelbar dadurch wichtig, dass ein Verständniss der Tektonik ohne sie nicht möglich ist. An sich ist sie für ihn von untergeordneter Bedeutung; denn es sind die natürlichen Eigenschaften der Gesteine, nicht ihre Altersverhältnisse, was neben ihrer Lagerung bestimmend auf die Gestaltung und den Charakter der einzelnen Erdräume wirkt. Auf dem Gebiet der sogenannten Geognosie reichen sich die Forschungen des Geologen und des Geographen so innig die Hand, dass man sagen darf, der Geolog thue geographische Arbeit, indem er die Raumausbreitung der Gesteine mit Rücksicht auf die Erdoberfläche und ihre Gestaltungen untersucht, d. h. indem er geologische Karten anfertigt. Die Herstellung dieser nothwendigen Unterlage für geographische Forschung muss ihm zum Theil deshalb überlassen bleiben, weil bei ihm die Vorbedingungen für exacte Ausführung am vollkommensten erfüllt sind, zum Theil aus dem anderen Grund, weil man sich bei den Karten geologischer Unterscheidungen, das heisst derjenigen, welche sich auf die Altersfolge der Formationen gründen, vorwaltend bedient. Wie jedoch der Petrograph die für seine Forschungen erforderlichen Gesteinsanalysen im chemischen Laboratorium selbst ausführt, so ist es auch dem Geographen anzurathen, sich diejenigen Kenntnisse anzueignen, welche ihn befähigen, über seine eigenen Aufgaben hinauszugehen und die Untersuchung des inneren Gebirgsbaues selbst auszuführen. Es darf indess nicht unbeachtet bleiben, dass für seine Zwecke eigentlich geognostische, d. h. Gesteins-Karten neben den geologischen von Wichtigkeit sein und das Verständniss für die Bodenformen und den Bodeneinfluss erhöhen würden.

Es ist noch ein Moment hervorzuheben, welches den Nutzen fast aller geologischer Karten als einer unmittelbaren Grundlage für die geographische Betrachtung einschränkt und auch die Gesteinskarte im angegebenen Sinn nicht als hinreichend brauchbar erscheinen lässt. Dies ist der Umstand, dass, wenn es sich um die örtlich gegebenen Existenzbedingungen der Pflanzen, Thiere und Menschen handelt, diejenigen Gesteine, welche die Petrographie kennen lehrt, nur in beschränktem Maass in Frage kommen. Das feste Gestein ist zum Träger der Organismen wenig geeignet. In dem weitaus überwiegenden Theil der Erdoberfläche ist das organische Leben an die Verwitterungsproducte der festen Gesteine und an die lockeren Bodenarten gebunden. Es scheint, dass das schwierige Studium derselben für die Geographie den wichtigsten Theil der Untersuchung der stofflichen Zusammensetzung der Oberflächenschicht der festen Erdrinde bildet. Aber die Schaffung einer Bodenkunde, wie sie als Grundlage geographischer Forschung erforderlich ist, muss als ein noch unerfüllter Wunsch bezeichnet werden.

Die Betrachtung der raumausfüllenden Gestalt und des stofflichen Inhalts führt uns die drei Erdhüllen im ruhenden oder stabilen Zustand vor. Neue Aufgaben enthüllen sich, so wie wir den Factor Zeit in Rechnung bringen. Denn in jedem gegebenen Augenblick ist die Erdoberfläche nicht, was sie im vorhergegangenen gewesen war. Viele der festen Bestandtheile der Oberflächenschicht haben, durch Wasser, Eis oder Luft bewegt, ihren Ort verändert; fliessende Gewässer sind, der Anziehung der Erde folgend, nach tieferen Niveaus gelangt; selbst das Meer hat durch Strömungen eine Wandlung im Nebeneinander der Theile erlitten; der atmosphärische Druck hat sich an jedem einzelnen Ort geändert. Die Erdoberfläche tritt uns also als etwas in der Entwickelung und Umbildung Begriffenes entgegen. Dem Geographen stellt sich die Aufgabe dar, die Vorgänge dieser Umbildung in den örtlichen Einzelerscheinungen zu untersuchen und die Gesetze, nach welchen die Bewegungen im Festen, Flüssigen und Luftförmigen mit Beziehung auf die Erdoberfläche erfolgen, soweit sie sich sinnlich wahrnehmen oder aus Wahrgenommenem erschliessen lassen, zu ergründen. Wir finden uns damit vor dynamische Probleme gestellt und treten noch vollkommener als bisher in den grossen Bereich der causalen Wechselbeziehungen hinein, welche zwischen den drei Naturreichen der Erde, des Wassers und der Luft mit Rücksicht auf die Erdoberfläche stattfinden. Der dem Meer unter Bindung von Wärme entstiegene Wasserdampf wird durch die Atmosphäre nach fernen Gebirgen getragen und unter Entwickelung von Wärme niedergeschlagen, um in der Gestalt von Wasser oder Eis seine Laufbahn als Umbildner des Festlandes anzutreten. Es ist ein Bereich von Vorgängen, welche sich je nach den Modalitäten der veranlassenden Bedingungen und je nach der Gestalt und Beschaffenheit des zu bearbeitenden Materials zu endloser Mannichfaltigkeit gestalten; und doch ist dies nur eine unter einer grösseren Klasse von Vorgängen, welche unter den genannten Gesichtspunkt fallen.

Aber wie umfassend wir auch die causalen Wechselbeziehungen auf dem irdischen Schauplatz betrachten mögen, an den Grenzen der dynamisch-geographischen Forschung sind wir damit noch nicht angekommen; denn jene beschränken sich fast sämmtlich auf secundäre Erscheinungen, welche durch primäre Causalbeziehungen von ungleich grossartigerem und allgemeinerem Charakter, und zwar zunächst durch diejenigen, welche zwischen der Erwärmung der Erdoberfläche durch die Sonne und den irdischen Phänomenen bestehen, inducirt sind. Zur Erkenntniss der vollen Bedeutung dieses gewaltigen ursächlichen Motors für die räumlich verschiedene Aeusserungsart der Wechselbeziehungen zwischen Erde, Wasser und Luft sich aufzuschwingen, ist eine der höchsten Aufgaben der wissenschaftlichen Geographie. Indessen ist der Bereich der kosmischen Causalbeziehungen damit noch nicht erschöpft. In der Erscheinung von Ebbe und Fluth tritt uns eine auf der Attraction durch die Himmelskörper beruhende Klasse von Vorgängen entgegen, während die in der Gestalt und den Schwankungen des Meeresspiegels sich äusserende, stetig wechselnde Deformität des Erdellipsoïds eine Correlation aller davon abhängiger Erscheinungen mit einer Reihe astrophysischer, theils ausserhalb, theils innerhalb des Erdkörpers gelegener Factoren erweist.

Wenn die dynamischen Aufgaben der Geographie ein grosses, untrennbares Gebiet von Erscheinungen umfassen, so werden ihr gemeinhin doch nur diejenigen in ihrer Gesammtheit unbestritten zuerkannt, welche sich auf die Bewegungen in der Atmosphäre und im Ocean, dem Hauptheil der Hydrosphäre, beziehen. Dagegen werden ihrer Pflege nur wenige der auf dem Festland sich vollziehenden Umgestaltungsvorgänge ohne Einspruch von Seiten der Geologen überlassen. Auf diesem Gebiet eine scharfe Grenze zwischen den Gegenständen beider Wissenschaften ziehen zu wollen, muss als ebenso praktisch unausführbar wie unzweckmässig bezeichnet werden. Die unbefangene Betrachtung der historischen Entwickelung und die Würdigung methodologischer Gesichtspunkte führen jedoch zu dem Ergebniss, dass alle Vorgänge, welche von aussen auf die jetzige Erdoberfläche umgestaltend einwirken, sich organisch der Geographie im Princip inniger einreihen, als der Geologie, welche derselben lediglich als einer von dem Geographen übernommenen Grundlage für Schlussfolgerungen auf frühere Vorgänge bedarf, und dass sie bei ersterer eine für die Erörterung weittragender Gesichtspunkte geeignetere Stätte finden, weil sie hier in Correlation mit anderen Phänomenen kommen. In dem classischen Zeitalter der »physikalischen Geographie«, welches, von Torbern Bergmann, Georg Forster, Pallas, Saussure und Anderen am Ende des vorigen Jahrhunderts vorbereitet, seine Blüthezeit ungefähr von 1820 bis 1840 erreichte und in dieser die grossartigen Arbeiten eines Alexander von Humboldt, die sorgfältigen Forschungen eines Lyell, die klaren Auseinandersetzungen eines Eduard Schmidt und Friedrich Hoffmann aufzuweisen hat und mit der Herausgabe des physikalischen Atlas von Berghaus fast seinen Abschluss erreichte, umfasste jene Wissenschaft die Erforschung und Darstellung aller Probleme, welche die genannte Klasse von Vorgängen betreffen. Ehe es jedoch dazu kam, dass diese »physikalische Geographie« sich organisch mit der von ihr getrennten Länder- und Völkerkunde hätte verbinden können, wurde die Geographie durch später zu erörternde Einflüsse von den erfolgreich in der naturwissenschaftlichen Richtung eingeschlagenen Bahnen abgelenkt. Wenn man ihr zuweilen noch das, was sich auf einige der vorgenannten stabilen Factoren und auf die Bewegungen in Atmosphäre und Ocean bezieht, zurechnete, so wurden die dynamischen Vorgänge auf den Festländern höchstens noch als eine Art Propädeutik in losgelöster Form den Lehrbüchern vorangestellt. Ein Forschungsgebiet des Geographen bildeten sie nicht mehr. In dieser Zeit begannen die geologischen Kartenaufnahmen in verschiedenen Ländern. Dieselben Vorgänge, welche Lyell sorgfältig beobachtet hatte, um die Ergebnisse als Prämissen für Schlussfolgerungen auf geologischem Gebiet zu benutzen, boten sich unmittelbar dem Blick des wandernden Geologen. Waren sie auch damit aus ihrem Zusammenhang mit anderen geographischen Momenten gerissen, so gewährten sie doch einen Connex mit den Vorgängen geologischer Vorzeit, und daher haben sie bei der Nachbarwissenschaft eine nach gewissen Richtungen gedeihliche und dankenswerthe Pflege erfahren.

Wenn sich in unserer Zeit mehr und mehr das Verlangen regt, diese Probleme wieder dem Gebiet der Geographie einzuordnen, so darf man die Frage stellen, ob sich nicht ein Zeitpunkt finden lässt, bis zu welchem zurück die Effecte der jetzt umgestaltend wirkenden Vorgänge ihrem Forschungsgebiet angehören, und von welchem an also dasjenige des Geologen in die Vergangenheit sich zurückzuerstrecken beginnt. Man hat in der That eine solche Grenze festzusetzen gesucht. So ist die Ansicht ausgesprochen worden, dass die Geographie mit der historischen Zeit beginne, das heisst, hinsichtlich des Schauplatzes jedes einzelnen Volkes in dem Zeitpunkt, wo dieses in die Geschichte einzutreten beginnt. Wie diese Ansicht, desshalb weil sie von dem Menschen anstatt von der Erdoberfläche ausgeht, hier nicht in Betracht kommen kann, so dürfen wir auch diejenige unberücksichtigt lassen, welche die Veränderungen bis zu dem ersten nachweisbaren Auftreten des Menschen zurückverfolgen will. Aus der Erdoberfläche an sich müssen sich die leitenden Gesichtspunkte ergeben. Als etwas Gewordenes betrachtet sie der Geologe, als etwas Bestehendes der Geograph. Der erstere beschäftigt sich mit dem Werden des Skelettes; der letztere empfängt gewissermaassen aus seinen Händen die im Rohen fertige Form und betrachtet, wie sie seitdem durch von aussen wirkende Kräfte umgestaltet worden ist. Es ist dabei gleichgültig, ob die Fertigstellung der Gestalt eines einzelnen Erdraums in der Tertiärperiode, oder in einem früheren Zeitalter der Erde, oder erst zu Ende der Diluvialzeit erfolgt ist. Die Umgestaltungen, welche die Felsplatten des nordöstlichen Afrika und die Landschaften im Inneren von Asien seit der frühen Tertiärzeit erfahren haben, stehen mit den heutigen Vorgängen in diesen Ländern und mit deren heutiger Gestalt in so innigem Zusammenhang, dass ihre Erforschung sich von selbst als eine unentbehrliche Ergänzung aufdrängt; und wo ein Gebirgsland seit der paläozoischen Zeit nicht mehr vom Meer bedeckt worden ist, da bilden die heutigen Erosionserscheinungen die kaum unterbrochene Fortsetzung derjenigen, welche damals begannen, und können von ihnen nicht getrennt werden. Wenn heute ein Vulkan aufgeworfen würde, so würden die Ursachen seiner Entstehung und sein Zusammenhang mit anderen Vulcanen dem Forschungsgebiet des Geologen angehören; die weitere Umgestaltung der fertigen Form würde den Geographen beschäftigen. Der Process des Wachsthums der heute bestehenden Korallenriffe, gleichviel in welche Zeit es zurückreichen möge, ist dem Gebiet des Letzteren ohne Widerspruch zugerechnet worden, während der Geolog die gewonnenen Thatsachen zu Schlussfolgerungen über die Entstehungsart älterer Gebilde verwerthet.

Es ist sonach immer nur eine relative Zeitgrenze, welche sich, für jeden Erdraum in besonderer Weise, zwischen den Forschungsgebieten des Geologen und des Geographen hinsichtlich der dynamischen und genetischen Vorgänge auf der festen Erdoberfläche ergibt. Im Princip lassen sich beide in den meisten Fällen trennen. In der

Praxis ist jedoch die Scheidung nicht immer durchführbar. Wie die Geschichte die heutigen Staatenbildungen mit umfasst, die Staatenkunde hingegen, welche die heutigen politischen Einheiten als fertige Gebilde von der Geschichte in Empfang nimmt, doch in Betreff fast jedes von ihr zu betrachtenden Punktes auf die Entwickelung zurückgreifen muss, und Beide sich durch das Ausgehen von verschiedenen methodischen Gesichtspunkten einander befruchten, so ist es auch mit unseren beiden Wissenschaften bezüglich der dynamischen und genetischen Probleme der Fall. Der Geolog geht bei der Betrachtung der Eiszeit von den Formgebilden aus, welche sie geschaffen hat; dem Geographen stellt sie sich als das Resultat klimatischer Aenderungen dar, deren Ursachen er zu ergründen und deren Zusammenhang mit den jetzigen klimatischen Zuständen er zu erfassen sucht, während er gleichzeitig die Forschungen über die physikalischen Zustände und die Kraftäusserungen des heutigen Gletschereises auf die Gebilde der Vorzeit überträgt. Die Eiszeit bildet den Typus einer Reihe von Fragen, deren Lösung nur durch die Combination geologischer und geographischer Forschung gefördert werden kann, und durch deren gemeinsame Behandlung beide Wissenschaften sich gegenseitig ergänzen. Jede von ihnen würde verlieren, wenn sie derartige Gegenstände, zu denen zum Beispiel die zum Theil in frühen Erdperioden wurzelnde Geschichte der Entstehung der heutigen Stromsysteme gehört, entweder allein behandeln, oder der Schwesterwissenschaft ausschliesslich überlassen wollte. Jede wird das durch die Gesichtspunkte der anderen gelieferte Beobachtungsmaterial mit Vortheil benutzen und wiederum die von ihrem eigenen Standpunkt abgeleiteten Schlussfolgerungen auf das Nachbargebiet übertragen dürfen.

Unsere Betrachtungen haben sich bisher auf die aus den drei anorganischen Naturreichen erwachsenden Aufgaben beschränkt. Die Erforschung derselben nach allen Richtungen, in denen sich Beziehungen zur Erdoberfläche darbieten, die Untersuchung der causalen Wechselverhältnisse, welche (mit steter Beziehung zur Erdoberfläche) zwischen ihnen unter einander bestehen, sowie der ursächlichen Beziehungen, welche sie mit dem Erdganzen und den Himmelskörpern, vor Allem der Sonne, verbinden — das sind die fundamentalen Aufgaben der wissenschaftlichen Geographie. Wir gelangen dadurch zu einem Verständniss der Gestalt, zu welcher sich die drei Naturreiche: Erde, Wasser und Luft, in der Constituirung der heutigen materiellen Erdoberfläche zusammenfügen. Erst auf diesem gesicherten Boden bauen sich die anderen Aufgaben auf, welche auf den Forschungen in den organischen Naturreichen, zunächst denjenigen der Pflanzen und Thiere, beruhen. Es ist nicht Sache des Geographen, die Arten derselben in ihren Unterschieden zu studiren; dies geschieht durch die morphologisch-systematischen Arbeiten des Botanikers und des Zoologen. Dem Geographen fällt die Aufgabe zu, die Verbreitung der Arten, Gattungen, Familien und Ordnungen in horizontalem und verticalem Sinn festzustellen und, ebenso in Hinsicht auf jeden Erdraum wie auf die gesammte Erde, den Ursachen der Existenz der Einzelformen, wie des geselligen Zusammenlebens verschiedener Formen nachzuspüren. Es werden hierdurch neue Glieder in die Kette der causalen Wechselbeziehungen eingefügt. Das Endziel dieser Studien ist, im Verein mit der

Botanik, Zoologie und Paläontologie, die gegenwärtige Verbreitung des gesammten Pflanzenreiches und Thierreiches, oder, wie wir es ausdrücken können, des natürlichen Systems der Pflanzen und der Thiere, über den Erdball ursächlich zu erfassen und zu erklären.

Die Aufgaben der Geographie gipfeln in der Erforschung der Beziehungen des Menschen zu allen vorgenannten Factoren im Einzelnen wie in ihrer Summe, ebenso zu der in steter Wandlung begriffenen festen Erdoberfläche, zu der Vertheilung der Gewässer, zu der Atmosphäre mit ihren mannichfach wechselnden Zuständen und Veränderungen, wie zu der örtlichen und allgemeinen Verbreitung der Pflanzen und der Thiere. Auf diese wichtigsten, am schwierigsten zu begrenzenden Aufgaben, ebenso wie auf diejenigen der biologischen Geographie, kehren wir unter einem anderen Gesichtspunkt ausführlicher wieder zurück, nämlich unter demjenigen der Methode, zu welchem wir uns jetzt wenden.

II. 1.

Nur kurz haben wir einen Theil der Aufgaben der Geographie skizzirt. Diejenigen, welche auf dem erhabensten und weitesten Gebiete liegen, haben wir noch unerörtert gelassen, auf andere von hohem Interesse nur flüchtig hingedeutet. Doch dürften unsere Ausführungen hinreichen, um wenigstens einigermaassen einen Einblick in die Fülle und Mannichfaltigkeit der Gegenstände, welche sich der Behandlung darbieten, und in das Netz der Fäden, durch welche die Geographie mit anderen Wissenschaften in Berührung und Verflechtung kommt, zu gewähren. Wir können es nun als die oberste, das Gesammtgebiet umfassende

Aufgabe bezeichnen, die Vielheit zur Einheit zu gestalten. Dies kann aber nur erreicht werden, wenn es uns gelingt, einen obersten und allgemeinen Gesichtspunkt, unter welchem sich das gesammte Material betrachten lässt, herauszufinden und, vermittelst einer durch ihn geleiteten präcisen und individualisirten methodischen Behandlung, der Forschung und Darstellung in jedem einzelnen Theil klare und bestimmte Bahnen anzuweisen. Denn wo immer der gleiche Stoff zwei oder mehreren Wissenschaften zufällt, sind es, wie sich aus unserer Erörterung einiger Grenzgebiete zwischen Geographie und Geologie beispielsweise ergeben haben dürfte, die Methoden, oder die den Methoden zu Grunde liegenden Gesichtspunkte, durch welche sich dieselben unterscheiden. Die Geographie besitzt nun einen ihr eigenthümlichen leitenden Gesichtspunkt. Wir haben als solchen bereits die causalen Wechselbeziehungen der Gegenstände und Erscheinungen mit Rücksicht auf die Erdoberfläche mehrfach hervorgehoben. Die Geographie gestaltet sich dadurch zu der Wissenschaft von der Erdoberfläche und den mit ihr in ursächlichem Zusammenhang stehenden Dingen und Erscheinungen. Sie ist nicht eine «Erdkunde»; denn als solche wäre sie allumfassend. Der Name «Erdoberflächenkunde» würde ihren Gegenstand richtiger bezeichnen. Benennungen von Wissenschaften in modernen Sprachen sollten deren Wesen präcis ausdrücken; mit denjenigen, welche den todten Sprachen entnommen sind, haben wir uns gewöhnt eine conventionelle, oft wechselnde Auffassung zu verbinden, welche dem etymologischen Begriff manchmal nur unvollkommen entspricht. Dies ist der Fall mit dem Namen «Geographie», welcher mit der hier gegebenen Begriffsbestimmung nicht im

Einklang steht, aber doch dem Namen «Erdkunde» vorzuziehen sein dürfte.

Der leitende Gesichtspunkt kommt schon zur Geltung bei der Anwendung der Mittel, durch welche unsere Wissenschaft das von ihr zu verarbeitende Material gewinnt. An und für sich sind sie dieselben, welche die Naturwissenschaften charakterisiren, nämlich Messung und Beobachtung.

Das Mittel der Messung hat, soweit es die Erdoberfläche selbst betrifft, seine erste Entwickelung im Alterthum gehabt. Es ging aus der Verschmelzung der vielleicht von den Chaldäern stammenden, aber für uns erst an die Pythagoräer sich knüpfenden Berichtigung der kosmologischen Begriffe mit dem Aufschwung der Mathematik bei den Griechen und der bei den Aegyptern ausgebildeten Kunst, Erdräume in der Richtung der Horizontale zu messen, hervor. Seitdem, nach ihrem gänzlichen Verfall, die erdmessende Kunst zuerst bei den Arabern, und dann im 15. Jahrhundert bei den Völkern des Abendlandes wieder aufgelebt ist, hat sie ihre eigenen, selbstständigen Bahnen eingeschlagen, bis sie sich zur höheren Geodäsie der heutigen Zeit entwickelte. Sie führte zur Bestimmung der Gestalt der Erde, zu ihrer geometrischen Eintheilung und zur richtigen Construction der Landkarte. Der Fortschritt geschah, abgesehen von der wichtigen Ausdehnung der Messung auf die verticale Componente, wesentlich in der Richtung der Verschärfung der Methoden und Instrumente. Zu so hoher Vollkommenheit sind diese gediehen, dass die Ausführung der exacten Messungen, welche eine hohe mathematische Schulung und besondere technische Ausbildung erfordern, dem Arbeitsgebiet des Geographen beinahe entrückt ist. Damit ist ihm die praktische Lösung derjenigen Aufgabe, welche wir als die fundamentalste der Geographie bezeichnet haben, in ihrer vollendetsten Gestalt abgenommen. Aber nicht zu seinem Nachtheil; denn es wird ihm zu methodischer Behandlung alles Material übergeben, welches der Geodät durch die mühsamsten Operationen gewinnt. Da indess nur ein kleiner Bruchtheil der Festländer Gegenstand exacter Messung geworden ist, so bleibt dem Geographen in unserer Zeit noch immer auch in Beziehung auf die Erdmessung eine Riesenaufgabe zugetheilt. Noch beruhen die Maassverhältnisse der kartographischen Darstellung des bei weitem überwiegenden Theils der Festländer auf der kritischen Zusammenstellung der verschiedenwerthigen Itinerare und Aufzeichnungen von Forschungsreisenden. In allen Erdtheilen sind diese damit beschäftigt, das Bild der Configuration der Länder zu vervollständigen. Aber was dadurch erreicht wird, ist nicht Endzweck der wissenschaftlichen Erdkunde, sondern Mittel zu dem höheren Zweck geographischer Erforschung.

Als zweites Mittel nannten wir die Beobachtung. Auf ihr beruhen im Wesentlichen alle Naturwissenschaften. Aber bei ihnen ist die Beobachtung der Dinge und Erscheinungen an sich geboten, gleichviel ob letztere in der Natur gegeben, oder durch das Experiment hervorgerufen seien; die Geographie hingegen beobachtet die in der Natur gegebenen Dinge und Erscheinungen, insoweit sie eine erkennbare Beziehung zur Erdoberfläche haben. Sie vereinigt also die Beobachtungsgegenstände verschiedener Wissenschaften unter Einem Gesichtspunkt, und zwar unter einem solchen, welchen jene nicht nothwendig zu berücksichtigen haben. Je mehr aber die durch ihren Stoff verwandten Wissenschaften fortschreiten, desto mehr vergrössert und vertieft sich der Bereich der geographischen Beobachtungen. Das Streben nach Vervollkommnung auf dem Gebiet der letzteren macht sich nicht nur nach der extensiven Richtung geltend, sondern giebt sich auch in dem Verlangen zu erkennen, Maass und Zahl in möglichst grossem Umfang zur Anwendung zu bringen und darauf gegründete Ausdrücke für die Erscheinungen und ihre Wechselverhältnisse zu finden.

Das Beobachtungsmaterial, welches der Geograph zu verwerthen hat, ist unendlich gross, da sein Arbeitsfeld die Erdoberfläche umfasst und sich über alle Naturreiche erstreckt. Er gewinnt es ebenso durch die eingehendste Untersuchung der kleinsten Erdlocalität, wie durch den vergleichenden Ueberblick weiter Erdräume, ebenso durch das Studium der Natur, wie durch die philosophische Betrachtung des Kartenbildes. Wie die Biene aus tausend verschiedenen Blüthenkelchen den Honig sammelt und nur diesen Bestandtheil aus denen, welche sie vorfindet, zu entnehmen versteht, so liegt es ihm ob, neben seinen eigenen Untersuchungen diejenigen Beobachtungen und Thatsachen aus den verschiedensten Wissensgebieten zu entnehmen und anzusammeln, welche eine Beziehung zu seinem leitenden Gesichtspunkt erkennen lassen. Keine Quelle darf als zu geringfügig betrachtet werden. Bleibt auch bei modernen Reisebeschreibungen, wenn man sie des persönlichen, sensationellen und dramatischen Gewandes entkleidet, oft nur ein dürftiges Substrat von Beobachtungen, so werden doch wenige bei kritischer Sichtung nicht mindestens einige Körnlein von Thatsachen liefern, welche dem allgemeinen Schatz hinzugefügt werden können. Dafür sprudelt der Quell scharfer und tiefer Beobachtung aus anderen um so frischer und ergiebiger, besonders wenn dieselbe in einer der Hilfswissenschaften der Geographie wurzelt. Ausser dem was die Gegenwart liefert, erschliesst sich eine Schatzkammer von Beobachtungen in vielen Aufzeichnungen, welche schriftkundige Völker aus früherer Zeit hinsichtlich solcher Thatsachen und Erscheinungen hinterlassen haben, bei denen sich causale Beziehungen zur Erdoberfläche erkennen lassen.

Die erste methodische Behandlung, welcher das durch die Mittel der Messung und Beobachtung gesammelte Material unterzogen wird, besteht in dessen systematischer Zusammenstellung. Hier aber trennen sich sofort zwei Wege, je nachdem die Erdräume, oder die Gegenstände und Erscheinungen das oberste Eintheilungsprincip bilden. Der erstere Weg führt unmittelbar zur concret beschreibenden oder darstellenden Methode, deren sich die beschreibende oder specielle Geographie bedient; der zweite leitet mittelbar, nämlich durch Vermittelung von Combination und Schlussfolgerung, zur abstrahirenden Methode, welche von der Allgemeinen Geographie angewendet wird. Wir können die beiden Methoden auch als synthetisch und analytisch bezeichnen, wenngleich mit der Reserve, welche bei einer durchgreifenden Anwendung dieser Benennungen stets geboten ist. So verschieden beide sind, werden doch die zwei genannten, durch je eine von ihnen charakterisirten Disciplinen einerseits durch die Gleichartigkeit des zu Grunde liegenden Materials, andererseits durch den uns bekannten obersten Gesichtspunkt geographischer Betrachtung zusammengehalten und durch letzteren von den in Hinsicht auf Stoff und Methode verwandten Zweigen der beschreibenden Naturwissenschaften und der Wissenschaften vom Menschen unterschieden. Aus der Combination beider

Methoden geht eine dritte hervor, welche bei der chorologischen Betrachtungsweise in Anwendung kommt und darin besteht, dass gewisse Gruppen auf einem Erdraum beobachteter Erscheinungen zusammengestellt und einer inductiven, die Erkenntniss des Causalitätsverhältnisses bezweckenden Behandlung unterzogen werden.

Die concret beschreibende oder darstellende Methode geht von zwei axiomatischen Voraussetzungen aus, welche als unmittelbare Unterlage für die Eintheilungsprincipien verwendet werden. Die erste ist, dass sich die Erdoberfläche aus Theilräumen zusammensetzt, und das Ganze nur aus der Nebeneinanderstellung der Theile verstanden werden kann. Man erhält Theilräume aus der mathematischen Eintheilung des Erdsphäroids mittelst des der Astronomie entnommenen Gradnetzes. In anderer Form gehen sie aus der Stellung der Erde zur Sonne hervor, welche zur Unterscheidung von Bestrahlungszonen führt. Ferner lassen sich bei dem Ueberblick des kartographischen Bildes Erdräume erkennen, welche festes Land, andere, welche mit Wasser bedeckt sind. Die ersteren bauen sich aus kleineren auf, deren Grenzen ebenso durch Wasser, Gebirge, Wüsten und physische Verhältnisse überhaupt, als durch ethnographische oder politische Sonderungen gegeben sein können.

Die zweite Voraussetzung ist, dass jeder Erdraum stofflich ein Agglomerat von Bestandtheilen ist, welche aus Elementen der sechs Naturreiche bestehen, und dass er daher nur durch deren Gesammtheit dargestellt werden kann. Die erste Voraussetzung ergibt das obere, die zweite das untergeordnete systematische Princip der beschreibenden Geographie.

Jeder Erdraum nun, wie gross oder gering seine Ausdehnung sein möge, und gleichviel ob er ein Continent, eine kleine Insel, ein natürlich abgesondertes Binnengebiet, ein künstlich begrenzter politischer Staat, ein Berg, ein Stromgebiet oder ein Meer sei, wird in seiner Zusammensetzung aus kleineren Raumtheilen, sowie nach allen auf ihm wahrnehmbaren Erscheinungsformen, unter denen auch die durch die menschliche Cultur geschaffenen Einrichtungen eine grosse Rolle spielen können, betrachtet.

Die einfachste und reinste Form der beschreibenden Erdoberflächenkunde ist die Chorographie, welche über die systematische Zusammenstellung aller auf die einzelnen Erdräume bezüglichen Erscheinungen nicht hinausgeht. Die Menge derselben ist so gross, dass man in der Praxis zu einem eklektischen Verfahren genöthigt ist. Als Encyklopädie eines Erdraums müsste die Chorographie desselben die Summe des realen Wissens über ihn umfassen. Voranstehen würde seine Stellung zur Sonne und zur gesammten Erdoberfläche, nebst der Festlegung seiner eigenen Oberfläche nach Maass und Zahl, also seiner horizontalen Ausdehnung und seines Reliefs. Die Orographie und Hydrographie würden als eine Karte in Worten erscheinen und beschränken sich daher meist auf die Hauptformen der Plastik und der Stromvertheilung. Die Darstellung der stofflichen Zusammensetzung des Bodens müsste der idealen, in der Praxis nicht herstellbaren Gesteins- und Bodenkarte entsprechen; es wird in der Regel nur das Wesentlichste, mit besonderer Berücksichtigung nutzbarer oder überhaupt für die Verbreitung des Menschen wichtiger Bodenarten und Mineralien, hervorgehoben. Die klimatischen Factoren, also die Temperaturvertheilung nach

Tagen und Tageszeiten, Monaten und Jahreszeiten, die Druckverhältnisse, Winde und Niederschläge müssten eigentlich für jeden Ort registrirt sein, und die dadurch gewonnenen klimatischen Constanten für gewisse Summen von Orten zusammengefasst werden. Bezüglich der Pflanzen und Thiere müssten alle auf dem Erdraum gefundenen Species nach Raumvertheilung und Art des Zusammenvorkommens genannt werden; man beschränkt sich jedoch auf die charaktergebenden Formen. Der Mensch bietet die mannichfaltigsten Gesichtspunkte. Die Zahl der Bevölkerung, ihre Verbreitung nach Theilräumen, ihre Zusammensetzung nach Rassen und Sprachen stehen obenan. Dazu kommt ihre Vertheilung nach den Factoren, welche die Statistik und die Staatenkunde kennen lehren, wie politische Grenzen, Ansiedelung in Städten und Dörfern, oder Mangel an festen Wohnplätzen, ferner die Vertheilung nach industriellen Beschäftigungen, nach Religionen und nach anderen Gesichtspunkten. Es würden dann die Bewegungen der Menschen zur Darstellung kommen, die Verkehrscentren und Verkehrswege, ebenso wie die durch den Handel bewegten Producte. Unbegrenzt ist die Zahl der Gegenstände, welche in eine Chorographie hineingezogen werden können, und dazu kann jeder von denen, welche sich auf den Menschen beziehen, noch historisch betrachtet werden.

Die Darstellungsweise der Chorographie ist didaktisch, ihr Verfahren wesentlich progressiv, indem sie von dem gegebenen festen Substrat in stetiger Steigerung zu den der Wandlung mehr unterworfenen Factoren, von dem Ursächlichen und Bestimmenden stufenweis immer weiter und weiter zu dem Bedingten voranschreitet. Die Synthese waltet vor, wenn auch ein analytischer Process bei der

Zergliederung des Ganzen in seine Theile damit verbunden ist.

Der encyklopädische Charakter, welcher der Chorographie in ihrer reinsten Form anhaftet, ist für gewisse Perioden der geographischen Literatur bezeichnend gewesen. Er entwickelte sich besonders während der Zeiten, in welchen eine Fülle neuer Kenntnisse von fremden Ländern zusammenströmte. Aus den Reiseberichten, in welchen nur der Reiseweg den Faden der Aneinanderreihung bildete, wurden die Thatsachen herausgezogen und nach Ländern geordnet, wobei die merkwürdigen Erscheinungen der Bevölkerung und der Producte das Interesse in erster Linie fesselten. Werke dieser Art bezeichnen daher ebenso die Zeit des 13. Jahrhunderts, in welcher die Kreuzzüge und die Entstehung des Weltreiches der Mongolen zu einer Erweiterung des Gesichtskreises führten, als die Periode, welche sich dem grossen ersten Zeitalter der Entdeckungen anschloss, also wesentlich das 17. Jahrhundert. Sie erreichten dann wieder einen Höhepunkt gegen Ende des zweiten Zeitalters der Entdeckungen, welches um die Mitte des 18. Jahrhunderts begann, und stellen noch die vorherrschende Richtung am Anfang des gegenwärtigen Jahrhunderts dar. Als allmählich eine mehr philosophisch-reflectirende Strömung sich Bahn zu brechen begann, führte das dritte Zeitalter der Entdeckungen, dessen Beginn um das Jahr 1850 wir bereits einmal erwähnten, abermals zu dem Bedürfniss, das sich in Fülle bietende Neue nach dem Gesichtspunkt der Erdräume zu registriren. Die Schnelligkeit, mit der es jetzt nach Europa gelangte; der Wettkampf der Nationen, Forscher hinauszusenden, das Neue zu erfassen und zu verbreiten; das dadurch allgemein angeregte und in Spannung gehaltene Interesse; die praktische Erweiterung des Weltüberblickes, welche gleichzeitig durch Colonisation, Welthandel, grosse industrielle und technische Unternehmungen und den Umschwung in dem Verkehrsleben der Erde gefördert wurde; die Hineinziehung verschlossen gewesener ferner Reiche in diesen Verkehr — Alles dies vereinigte sich, um der chorographischen Kunde von fernen Ländern und Völkern und den einzelnen Schritten ihrer Erweiterung die allgemeine geistige Betheiligung in hohem Grade, wenn auch grossentheils in oberflächlicher Weise, zuzuführen. Das jüngste Entdeckungs-Zeitalter wurde in Folge dessen zu demjenigen der geographischen Zeitschriften, der geographischen Gesellschaften und der sich überstürzenden Reisebeschreibungen. Aber in derselben Zeit kam in den Ländern der europäischen Cultur die die exacteste Forschung anstrebende Statistik zu hoher Blüthe. Während daher einerseits, zum Schaden der wissenschaftlichen Geographie und ihres Rufes, ein den Dilettantismus fördernder, principlos eklektischer und dadurch unvollkommener Zug in der geographischen Literatur über ferne Länder vielfach in ähnlicher Gestalt wie früher wieder neu auflebte, entstand daneben, an der Hand der Statistik, eine reine und wahre Chorographie in der Form mehr oder weniger vollständiger Repertorien über die in einzelnen Erdräumen bekannt gewordenen Dinge und Erscheinungen. Soweit dieselben kritisch und genau sind, geben sie das wichtigste Material für wissenschaftliche Forschung, indem sie, entweder schematisch nach Fächern, oder, wie die englischen Gazetteers, alphabetisch geordnet, eine gewisse Summe exacter Kenntnisse über die betreffenden Länder aufgesammelt enthalten. Als fragmentarische

Chorographien sind die statistischen Uebersichten einzelner Länder nach verschiedenen Beziehungen, wie Vertheilung von Wäldern, Wiesen, Ackerland, Bevölkerung u. s. w., welche auf Karten graphisch niedergelegt werden, zu bezeichnen. Der Werth der Chorographie wird wegen ihres an sich geistlosen Charakters oft unterschätzt; allein man darf sagen, dass, je sachlicher und trockener die Behandlung, desto grösser bei gleichem Maass der angewendeten Kritik in der Regel ihre Brauchbarkeit ist. Als begründet kann jene Geringschätzung gelten, wenn sie Lehrbücher betrifft, welche über die Stufe einer unvollkommenen Chorographie nicht hinauskommen. Für sie ist ein höherer Standpunkt erforderlich.

Nicht für sich allein ist die reine Chorographie aus der früheren, wenig geordneten und wenig zielbewussten Länder- und Völkerkunde hervorgegangen. Aus den Wissenschaften, welche sich mit den einzelnen Bereichen der in den Erdräumen beobachtbaren Erscheinungen beschäftigen, und aus der durch die Anwendung der zweiten Methode sich entwickelnden analytischen Geographie mussten befruchtende Keime in die Methode der Länderbeschreibung fallen. Es erwuchs daher neben der Chorographie die chorologische Betrachtungsweise, welche sich nicht, wie jene, mit der Registrirung des Thatbestandes begnügt, sondern ihn durch Einführung des causativen und des dynamischen Momentes in seinem ursächlichen Zusammenhang in Hinsicht auf jeden einzelnen Erdraum zu erfassen strebt. Strabo leuchtet aus dem Alterthum als der Vorgänger dieser Richtung hervor. Für unser Jahrhundert sind Humboldt und Ritter die grossen Führer in derselben gewesen. Ersterer hatte, wie kein Anderer zuvor, die wissenschaftliche Beobachtung auf Reisen geübt, und gezeigt, wie die in ihrer Existenz entdeckten Länder doch der wissenschaftlichen Entdeckung entbehrten. Auf Grund eigener Forschung entwarf er grossartige Naturgemälde, deren fesselnder Charakter wohl zum Theil in ihrer edlen Sprache, aber in noch höherem Maass darin beruht, dass er in philosophisch tief durchdachter Weise die Wechselbeziehungen der Erscheinungen darzustellen verstand. Er zählt nicht die Doppelreihe der Vulcane von Ecuador nach ihren Namen und Höhen auf, sondern ist bestrebt, ihren genetischen Verband mit dem Gesammtgebirge der Anden, ihre gegenseitigen Beziehungen und ihren Einfluss auf eine Reihe anderer Verhältnisse zu zeigen. Die Pflanzen desselben Gebietes reiht er nicht in systematischen Verzeichnissen an einander, sondern er weist auf die Aenderung der Floren mit den Höhenzonen der Anden hin. Selten hat er die Betrachtung der örtlichen Wechselbeziehungen über den Bereich der Pflanzen hinaus ausgedehnt; aber er verfolgte sie rückwärts in das Gebiet der Geologie.

Ritter hat eigene Forschungsreisen nicht ausgeführt. Aber nie sind die gesammten Kenntnisse über einen Complex von Erdräumen, die Forschungen und Beobachtungen Anderer mit grösserer Vollständigkeit und tiefer von philosophischen Gedanken durchdrungen zusammengestellt worden, als er es in seinem Monumentalwerk über Asien gethan hat. Sein Streben ist dahin gerichtet, an die Stelle der geistlosen Länderbeschreibungen seiner Vorgänger in der Compilation chorologische Darstellungen zu setzen, das heisst, die aus den verschiedensten Quellen fliessende Kunde zu einem organischen, durch das Causalitätsprincip verbundenen und vergeistigten Ganzen zu verarbeiten.

Indessen hat er die naturwissenschaftlichen Abstufungen der örtlichen Wechselbeziehungen, auf welche Humboldt das Schwergewicht legte, nur fragmentarisch behandelt und zum Theil übergangen, um das höchste chorologische Problem, den Einfluss des Erdraums in seiner Plastik, Bodenbeschaffenheit, Bewässerung und Pflanzenbekleidung auf den Menschen, allen seinen Betrachtungen als höchstes Princip zu Grunde zu legen. Dieses Problem erfasste er ebenso in einigen seiner allgemeinen Züge, als in seiner Anwendung auf die Einzelfälle der Länder, welche er beschrieb.

So liegen die chorologischen Interessen beider grosser Männer auf verschiedenen Gebieten. Sie ergänzen sich gegenseitig, nicht ohne dass auch bei ihrer Vereinigung noch manche Lücken blieben; denn die vollkommene chorologische Darstellung eines Erdraums müsste nicht nur die von Beiden zur Geltung gebrachten Gesichtspunkte berücksichtigen, sondern auch noch einer Reihe von Zwischengliedern Rechnung tragen. Der Grund liegt nicht in der Unvollkommenheit des Einen oder des Anderen, sondern darin, dass das Gesammtziel zu gross für eine einzige menschliche Kraft ist, sobald sie es mit der von Beiden für einzelne Gesichtspunkte und grosse Länderräume angewendeten Gründlichkeit zu erreichen strebt.

Heute glauben wir übersehen zu können, welch lange Reihe ursächlicher Verknüpfungen für einen einzelnen Erdraum die chorologische Forschung zu ergründen und die chorologische Darstellung in Betracht zu ziehen haben würde; aber nicht desshalb, weil ein wirkliches, in seinen Grundzügen fertiges Gebäude einer Chorologie in der Zwischenzeit errichtet worden wäre; sondern weil die Grundlagen der

Allgemeinen Geographie, von der die Entwickelung der Chorologie abhängig ist, mächtig gefördert worden sind. Beide dienen einander. Das Höhere, Umfassendere aber ist die Allgemeine Geographie. Sie hat zugleich factischen Bestand, während eine allgemeine Chorologie nur in der Idee existirt und überhaupt eine eigenthümliche Zwischenstellung einnimmt.

Wenn die Chorographie, als eine geordnete Zusammenstellung von Thatsachen, die zum Theil durch wissenschaftliche Methode gewonnen worden sind, nur ein Repertorium des Wissens und nicht eine Wissenschaft im eigentlichen Sinn genannt werden kann, aber doch eines vollständigen Aufbaues fähig ist, hat die Chorologie den Vorzug, dass sie die wissenschaftliche Forschung selbst involvirt, zugleich aber den Nachtheil, dass ihre Darstellung kaum jemals ein vollendetes wissenschaftliches Gebäude werden kann. Denn entweder beschränkt sie sich auf einen kleineren oder grösseren Erdraum und stellt ihn in Hinsicht auf alle in ihm und mit Rücksicht auf seine Oberfläche zur Geltung kommenden Causalbeziehungen dar — eine bisher noch in keinem Einzelfall gelöste Aufgabe; oder sie beschränkt sich auf eine Gruppe von Causalbeziehungen und verfolgt diese über alle einzelnen Erdräume, indem sie die Ableitung gemeinsamer Gesetzmässigkeiten der Allgemeinen Geographie überlässt, wie es Grisebach in seinem Meisterwerk hinsichtlich der Abhängigkeit der Pflanzen vom Klima und gewissen Bodenbedingungen durchgeführt hat. Unsere Zeit kann als diejenige der chorologischen Forschung bezeichnet werden. Denn diese ist das Ziel zahlreicher, durch Gründlichkeit und weiten Blick ausgezeichneter, meist von den Specialwissenschaften ausgehender Untersuchungen in einzelnen

Erdräumen. Aber je gründlicher die Arbeit, desto mehr beschränkt sie sich in der Regel auf einzelne Gesichtspunkte, und die Ergebnisse werden weniger zu einer allgemeinen Chorologie des betreffenden Erdraums benutzt, als für die Allgemeine Geographie verwerthet.

Es kommt bezüglich der Zwischenstellung noch ein Umstand in Betracht. Wir haben die chorologische Methode als die dritte in der Geographie zur Anwendung kommende bezeichnet und sagten, dass sie aus der Combination der beiden anderen hervorgehe. Dies rührt daher, dass bei ihr Forschung und Darstellung die umgekehrten Wege verfolgen. Die Methode der Forschung ist die analytische der allgemeinen Geographie, die Darstellung verfolgt den synthetischen Weg der Chorographie. Sie ist mit Recht in ihrer idealen Gestalt als eine Chorosophie bezeichnet worden. In der Verknüpfung philosophischer Abstraction und concreter Darstellung beruht ihr wohlthuender Einfluss. Ihre Ergebnisse haben den Vortheil gehabt, dass durch die chorographischen Abschnitte, welche mit Recht den grösseren Theil unserer Lehrbücher der Geographie füllen, ein belebender chorologischer Hauch zu wehen beginnt, indem den ursächlichen Verkettungen Rechnung getragen wird, ohne dass sie, selbstverständlich, in ihnen zur erschöpfenden Darstellung gelangen können. Es ist der Tribut, welchen die jetzige Generation den Manen von Humboldt und Ritter zollt.

II. 2.

Wir haben die zweite Methode, nach welcher der umfangreiche Stoff der Geographie behandelt werden kann, die abstrahirende oder, nach ihrem vorwaltenden Charakter, die analytische genannt. Sie ist bezeichnend für dasjenige

Wissenschaftsgebiet, welches man mit einem wenig geeigneten Ausdruck «Allgemeine Geographie» zu nennen pflegt. Allgemein ist sie insofern, als sie nicht einen Theil des Stoffes der Geographie, sondern den ganzen Inhalt derselben umfasst. Sie empfängt ihn von der darstellenden Geographie, aber behandelt ihn nach einer andern Methode als diese, indem sie ihn in erster Linie in seine Elemente zergliedert und dann diese nach Kategorien von Gegenständen und Erscheinungen, ohne Rücksicht auf die einzelnen Erdräume, zusammenfasst. So werden in der Chorographie alle Gebirge der Erde im Einzelnen beschrieben. Die allgemeine Geographie betrachtet sie in ihrer Gesammtheit, sucht auf Grund der gemeinsamen Merkmale den Begriff «Gebirge» als obere Kategorie bestimmter zu fassen und strebt aus der Mannichfaltigkeit der Erscheinungsformen die durch Aehnlichkeit verbundenen Gruppen herauszufinden. Dies führt sie unmittelbar zu der Frage nach den Ursachen dieser Aehnlichkeit und zur Feststellung der Merkmale, durch welche sie bedingt ist. Die chorologische Untersuchung leitet die Bildung vieler einzelner Thäler auf die Erosion durch fliessendes Wasser zurück. Die allgemeine Geographie fasst alle diese Thalbildungen unter dem Gesichtspunkt der Erosion zusammen und strebt auch hier, gewisse, durch gemeinsame Merkmale charakterisirte Gruppen von Einzelfällen zu vereinigen.

Das Verfahren der Allgemeinen Geographie ist daher nicht progressiv, sondern im Wesentlichen regressiv; denn sie schreitet vom Besonderen zum Allgemeinen zurück, vom Bedingten zum Ursächlichen, von der Einzelerscheinung zur Gesammtheit der durch Analogie verbundenen Erscheinungen.

Das erste Erforderniss, um Ordnung und Klarheit in dieses Gebiet zu bringen, dürfte darin bestehen, gewisse Gesichtspunkte festzustellen, nach denen die Kategorien gebildet werden können. Denn wir haben es hier mit Material zu thun, welches auf Grund systematischer Principien zu einem vollkommenen wissenschaftlichen Bau zusammengefügt werden kann. Als leitende Gesichtspunkte, welche in gleicher Weise für die Forschung und für die Darstellung anwendbar sind, lassen sich bezeichnen: diejenigen der Form, der stofflichen Zusammensetzung und der fortdauernden Kräfteeinwirkungen, welche Aenderung und Bewegung verursachen; den vierten gestaltet sich unsere Wissenschaft, indem sie, rückschliessend, die früheren Kräfteeinwirkungen auf die Dinge, das heisst, die Art ihrer Entstehung, oder wenigstens ihrer Entwickelung aus einem vorangegangenen Stadium, erörtert.

Diese Gesichtspunkte führen zu einer morphologischen, einer stofflichen oder hylologischen, einer dynamischen und einer genetischen Betrachtungsweise.

Man kann nun entweder die gesammte Disciplin der Allgemeinen Erdkunde nach diesen vier leitenden Principien eintheilen, oder man kann die letzteren für jede einzelne Klasse von Dingen oder Erscheinungen in Anwendung bringen und danach den Stoff gliedern. Thun wir das Erstere, so können wir beispielsweise bei der Anwendung des dritten (dynamischen) Princips alle Erscheinungen zusammenfassen, welche durch die Einwirkung der Sonnenwärme hervorgebracht werden, gleichviel ob sie in der Auflockerung des festen Gesteins der Wüste, in der Begünstigung chemischer Processe im Boden, im Aufsteigen der Wasserdämpfe und der erhitzten Luft, in der Beförderung des pflanzlichen und thierischen Lebens bestehen; oder wir könnten in ähnlicher Weise die Schwerkraft als den leitenden Gesichtspunkt der Betrachtung wählen. Diese Methode ist in einem vortrefflichen älteren Werk von Bernhard Studer für einen Theil der Gegenstände der allgemeinen Geographie zu consequenter Anwendung gebracht worden. Da sie zur Vereinigung ungleichartiger und zur Trennung zusammengehöriger Dinge führt, ziehen wir es vor, die einzelnen Naturreiche unter den vier Principien zu betrachten.

Ob wir indess den einen oder den anderen Weg einschlagen, in beiden Fällen dürfen wir hoffen, zu dem eigentlichen Ziel der wissenschaftlichen Geographie, nämlich zur Erkenntniss des grossen Bereiches causaler Wechselbeziehungen zu gelangen. Wenn es uns gelingt, die stete Wiederkehr gleichartiger Wirkungen unter gleichen gegebenen Bedingungen nachzuweisen, erheben wir uns zur Erkennung von Gesetzmässigkeiten, und diese kann uns weiter führen zur Auffindung von Gesetzen, oder doch zur Annäherung an solche, oder auch nur zu ihrer Ahnung. Zu diesen über die ganze Erde gleichmässig erkennbaren Wechselbeziehungen gehören beispielsweise: die Abhängigkeit der atmosphärischen Circulation von der nach Regionen und Oertlichkeiten verschiedenen Erwärmung der Erdoberfläche durch die Sonne; der Zusammenhang der Meeresströmungen mit den herrschenden Winden; das Vorkommen von Fjorden und Seebecken gewisser Art in Regionen ehemaliger Vergletscherung; das Auftreten thätiger Vulcane in der Nähe des Meeres; das Gebundensein riffbauender Korallen an eine gewisse Summe physischer Bedingungen; die Verbreitung der Steppen in solchen Gegenden, wo eine trockene und eine feuchte Jahreszeit mit einander wechseln; das

Auftreten der ältesten Typen der Säugethiere in den Südenden der Continente; der Zusammenhang zwischen Steppennatur und Nomadenleben.

Nicht in stetiger Aufwärtsbewegung hat sich die analytische Geographie entwickelt; ihre Fortschritte sind in einzelnen Perioden geschehen, welche den vorher erwähnten Zeiten encyklopädischer Registrirung folgten, indem das synthetische Nebeneinanderstellen des verschiedenartigsten Materials unter räumlichen Gesichtspunkten das Verlangen weckte, durch Analyse den gleichartigen Stoff unabhängig von den Erdräumen nach systematischen Principien zusammenzufassen. Aber dem Bestreben zu sichten fehlte Anfangs das Vermögen es zu thun. Dieses wuchs mit dem Erstarken der Grenzwissenschaften, auf deren Boden die Beobachtungsmittel grossentheils geschaffen werden mussten. In einsamer Grösse steht Varenius da, welcher im Jahr 1650 mit dem Namen zugleich den heutigen Begriff der »geographia generalis« einführte. «Allgemein», sagte er, »wird die Geographie genannt, welche nicht auf die einzelnen Regionen der Erde Rücksicht nimmt, sondern die Erde im Ganzen betrachtet und die Erscheinungen auf ihr erklärt«. Die Zeit vermochte ihm nicht zu folgen, viel weniger auf seinem durch klare Gedanken und präcisen Ausdruck noch heute hervorragenden grossen Werk weiter zu bauen. Wir haben schon geschildert, wie, anderthalb Jahrhunderte nach ihm, dem synthetischen Zusammenfassen des auf den weiten Reisen des zweiten Zeitalters der Entdeckungen gesammelten Stoffes eine Periode analytischer Betrachtung folgte, welche die mit enthusiastischem Eifer betriebene »physikalische Geographie« zur Blüthe brachte und ihr classisches Zeitalter hervorrief. Man begriff unter jenem Namen zuerst das

Gebiet, welches wir als physische Geographie bezeichnen werden, fügte dann hinzu, was wir als biologische Geographie aussondern, und vereinigte damit endlich auch noch die Völkerkunde. Wiederum stand an der Spitze ein Mann, welcher mit umfassendem Blick begabt war, Alexander von Humboldt. Denn nicht nur die chorologische Betrachtungsweise verdankt ihm mächtige Förderung; der geniale Forscher erfasste, von eigenen Beobachtungen ausgehend, die Erscheinungen in ihrer Verbreitung über die Erdoberfläche. Viele arbeiteten erfolgreich neben ihm auf gleichen und verwandten Gebieten. Vor Varenius hatte er den Vortheil, dass die allgemeine wissenschaftliche Grundlage sich breiter entwickelt hatte, und dass die Zeit ihn verstand. Manche der Ergebnisse, welche damals gewonnen wurden, sind nachher in Vergessenheit gerathen, weil sie, wenn auch die Gegenstände, worauf sie sich bezogen, von anderen Wissenschaften aufgenommen wurden, den Zusammenhang mit der Geographie verloren hatten, und sind in unserer Zeit als vermeintlich neue Errungenschaften wieder erschienen. Was diesen Verfall der physikalischen Geographie als einer Gesammtwissenschaft bewirkt hat, ist schwer zu erkennen. Nicht ohne Einfluss dürfte der Umstand gewesen sein, dass sie in Deutschland, von wo ihre einheitliche Pflege ausging, keine akademische Disciplin war. Obgleich Ritter der bescheidenste aller Gelehrten war, beherrschte doch sein imponirender Geist die Universität und die Lehrbücher; seine philosophische Richtung, welche vorwaltend für die Jünger des sich gleichzeitig zu neuer Blüthe entfaltenden Geschichtsstudiums von Nutzen war, galt als die eigentliche und ausschliessliche Geographie. Hätte Humboldt die letztere auf dem einzigen, damals für sie an einer Universität bestehenden Lehrstuhl vorgetragen, und wäre Ritter der Privatgelehrte gewesen, so hätte vielleicht die physikalische Geographie, welche den synthetischen Länderbeschreibungen fast unvermittelt gegenüberstand, den Sieg davon getragen. Nun aber wurde der Verband der einzelnen Zweige der ersteren mit dem was hinfort als das Wesen der Geographie betrachtet wurde, noch mehr gelockert. Einige von ihnen übernahm die Geologie, andere wurden in die Botanik und Zoologie hinübergezogen und durch die in ihnen damals noch herrschende systematische Richtung begünstigt. Die Meteorologie wurde isolirt. Was auf Ethnographie Beziehung hatte, bis auf Sitten, Gebräuche und Kleidung der Völker, verblieb bei der Geographie. Denn der Mensch galt als Ziel und Zweck geographischer Untersuchung; alles Forschen nach der Natur der Erdräume konnte nur die Aufgabe specieller Wissenschaften, für die Geographie aber lediglich Mittel für höhere Zwecke sein. Geschichte und Geographie galten daher als Schwesterwissenschaften. Aber bald sank die zweite zu einer dienenden Magd der ersteren herab, und in ihr wurde der Ethnographie noch ein bescheidenes Plätzchen eingeräumt.

Damit war das abhanden gekommen, was allein der Geographie ein festes Fundament zu geben im Stande war, und das allein geblieben, was ohne jene Grundlage einer analytischen Behandlung nicht fähig war. Ritter's chorologische Darstellungen hatten in ihrer Zeit mächtig anregend gewirkt. Sie entwickelten eine von hohen Ideen getragene philosophische Richtung. Eine greifbare Methode der Forschung aber liess sich ihnen nicht entnehmen; noch weniger konnte man eine solche, welche für eine auf Messung und Beobachtung beruhende Wissenschaft anwendbar gewesen wäre, der Geschichte entlehnen. Daher ging bei den Epigonen des Meisters die Methode überhaupt verloren, und dies musste der Geographie um so mehr zum Schaden gereichen, als jene sich bei den Naturwissenschaften gleichzeitig immer exacter entwickelte und ihnen einen stetig wachsenden Vorrang sicherte.

Es ist ein Merkmal unserer Zeit, dass sie die Einheitlichkeit des auf die Erdoberfläche bezüglichen Wissens auf's Neue erkannt hat und die analytische Behandlung des Stoffes vom geographischen Gesichtspunkt wieder in Angriff zu nehmen und mit der sich gleichzeitig zu grösserer Tiefe entwickelnden chorologischen Betrachtungsweise in Einklang zu setzen bestrebt ist. Die »geographia generalis« von Varenius beginnt damit wieder die Selbstständigkeit einzunehmen, welche ihr vor einem halben Jahrhundert eingeräumt wurde. Es ist bemerkenswerth, dass sie einerseits buchstäblich ihr Fundament tiefer in die Erde hinein gräbt, als es damals geschehen konnte, und dass sie andererseits mittelst der dadurch exacter werdenden Methode befähigt wird, solche unter den höchsten, auf den Menschen bezüglichen Zielen praktisch aufzunehmen, welche selbst einem Ritter nur als kaum erreichbare Ideale vorleuchten konnten.

Diese allseitige Erweiterung ist zum Theil eine Folge davon, dass, als nach der Zeit des Zerfalls der Gedanke der Einheitlichkeit wieder erwachte, der Standpunkt seit dem Ende des classischen Zeitalters der »physikalischen Geographie« ein anderer geworden war. Die Fundamente des Ideenganges und der Forschung in den benachbarten Wissenschaften hatten sich zum Theil ganz verändert. Das Gesetz von der Erhaltung der Kraft hatte die physikalischen

Anschauungen umgestaltet; die Spectralanalyse hatte die stoffliche Einheit des Weltgebäudes festgestellt; die Geologie war nach Inhalt, Vielseitigkeit und praktischer Anwendbarkeit gewachsen; die biologischen Wissenschaften waren durch Darwin in ihren Grundlagen umgewandelt; die Anthropologie und Ethnologie waren als Wissenschaften beinahe erst entstanden; die Statistik war eine selbstständige, hoch entwickelte Disciplin geworden. Dazu waren die graphischen Methoden ausserordentlich vervollkommnet und im ausgedehntesten Maass in der Kartographie zur Anwendung gekommen. Neue Erdräume waren der Kenntniss erschlossen, und aus den neuen wie aus den altbekannten waren eine Fülle von Beobachtungen zusammengeströmt, die auf früher nicht gekannten Grundlagen und durch vervollkommnete Instrumente ausgeführt worden waren. Das gesammte geistige Niveau der gebildeten Menschheit war ein anderes, nach den hier bestimmenden Richtungen höheres geworden. Der Charakter des neuen Zeitalters ist der Aufschwung des naturwissenschaftlichen Wissens und Denkens, und dies muss sich nothwendiger Weise in der wissenschaftlichen Geographie und ihrer Methode reflectiren. Aber gerade Angesichts dieser wesentlichen Bereicherung und Klärung tritt jetzt um so leuchtender das Verdienst Ritter's hervor, die ideale Betrachtungsweise gefördert zu haben. Denn diese ist nicht verloren gegangen und kann sich nun jener materielleren Richtung harmonisch verbinden.

Eine nach der anderen von den Aufgaben, welche ehemals der Geographie angehört und seitdem nur einen lockeren, unvermittelten Zusammenhang mit ihr gehabt haben, wird jetzt wieder von ihr aufgenommen. Die

Bedeutung der Arbeiten, welche Peschel und Reclus gleichzeitig vor fünfzehn Jahren ausführten, beruht wesentlich darin, dass sie diesem Erforderniss der Zeit Rechnung trugen. Unverkennbar sind die guten Folgen der veränderten Stellung einzelner Probleme. Mit so grossem Erfolg jedes von ihnen von der Wissenschaft, in der es untergebracht war, gepflegt wurde, war doch die Methode seiner Behandlung derjenigen der betreffenden Wissenschaft entsprechend; die Ziele der Betrachtung gingen über deren Rahmen wenig hinaus. Erst seitdem der leitende Gesichtspunkt der Geographie auf sie angewendet worden ist und sie damit in diese hinübergezogen worden sind, seitdem also die Probleme mit Rücksicht auf die gesammte Erdoberfläche und in ihrem Causalzusammenhang mit anderen unter gleichem Gesichtspunkt betrachteten Erscheinungen erörtert werden, sind sie zu Bindegliedern zwischen verschiedenen Zweigen des Wissens geworden. Es genügt, hier nochmals des Studiums der Gletscher zu gedenken, welches früher eine beschränkte Bedeutung hatte. Der Nachweis ihrer ehemals weiten Verbreitung auf beiden Hemisphären hat zu der Erkenntniss causaler Beziehungen dieses Phänomens mit Problemen der verschiedensten Art geführt; zunächst mit solchen der Physik, welche die Art, die Ursachen und die mechanischen Wirkungen ihrer Bildung und Bewegung betreffen; sodann mit ehemaligen klimatischen Aenderungen, deren Ursachen in der Verschiebung der Grenzen von Land und Meer, in der Verlegung von Meeresströmungen und in der Aenderung kosmischer Constellationen gefunden worden sind; ferner mit sehr bestimmenden Erscheinungen der Bodenplastik, welche unter Anderem, nach den durch die Geologie erbrachten Beweisen, durch die Abräumung grosser

Gesteinsmassen von einzelnen ausgedehnten Landstrichen und die Bedeckung anderer mit dem weit fortgeführten Schutt verursacht worden sind. Dazu kommt der Zusammenhang der Phasen der früheren Vergletscherung mit der ehemaligen und heutigen Verbreitung der Pflanzen und Thiere, sowie mit der Urgeschichte der menschlichen Wanderungen; und ein sehr bedeutsames Wechselverhältniss ist zwischen der vormaligen Eisverbreitung und den Aenderungen des Meeresniveau's nachgewiesen worden. Wir könnten in ähnlicher Weise auf das Gewebe von Fortschritten hinweisen, welche nach verschiedenen Richtungen durch die neueren Ergebnisse in der Geographie der Pflanzen und Thiere gewonnen worden sind. Die systematische Zoologie und Botanik für sich allein vermochten nur die Thatsachen des örtlichen Vorkommens festzustellen und die erste Klasse ursächlicher Beziehungen, nämlich diejenigen zu Boden und Klima, zu ergründen. Schon damit hatten sie den geographischen Boden betreten. Die Tragweite aber, welche die hierher gehörigen Probleme durch die Arbeiten von Heer, Hooker, Engler, Wallace, Moritz Wagner und Anderen erhalten haben, konnten sie allein dadurch erlangen, dass sie ganz unter den geographischen Gesichtspunkt gestellt wurden und wegen ihres Zusammenhanges mit anderen, der Botanik und Zoologie weit entrückten Erscheinungen vollständig Eigenthum der Allgemeinen Geographie geworden sind. So wirkt die letztere in hohem Maass befruchtend zurück auf alle Wissenschaften, welche ihr das Arbeitsmaterial liefern, und welche die von ihr selbst durch längere Zeit vernachlässigten Zweige der Forschung gleichsam in Pflege genommen und von ihrem Standpunkt fortentwickelt hatten.

Schreiten wir nach diesen allgemeinen Erörterungen zur sachlichen Anwendung der für die allgemeine Geographie dargelegten methodischen Principien. Indem wir den ihr zufallenden Stoff als obersten Eintheilungsgrund setzen, unterscheiden wir drei Haupttheile: 1) die allgemeine physische Geographie, welche die analytische Behandlung der Erdoberfläche in ihrer dreifachen Zusammensetzung zum Gegenstand hat; 2) die allgemeine biologische Geographie, welche sich mit den Beziehungen der Pflanzenwelt und Thierwelt zur Erdoberfläche beschäftigt; 3) die allgemeine Anthropogeographie, welche den Menschen in seinen Beziehungen zu den Gegenständen der beiden anderen Abtheilungen betrachtet.

Die grundlegenden Erörterungen der allgemeinen physischen Geographie beziehen sich einerseits auf die Eigenschaften der Erde als eines Weltkörpers, andererseits auf die Erdoberfläche in ihrer Gesammtheit. Auf dem ersteren Gebiet entnimmt sie die Thatsachen, wie wir es bereits dargestellt haben, zumeist anderen Wissenschaften; mit dem zweiten betritt sie ihre eigene Domäne. Sie löst die Erdoberfläche von dem Gesichtspunkt morphologischer und stofflicher Betrachtung in die drei Bestandtheile des Festen, Flüssigen und Luftförmigen auf; das Feste theilt sie nach seiner durch die Wasseransammlungen markirten Plastik in Continente, meererfüllte Becken und Inseln. Das Relief der Continente und die Umgrenzungen der Meere geben Anlass zu weiteren Kategorien. Der dynamische Gesichtspukt lehrt die Kräftewirkungen, unter denen die Erdoberfläche in ihrer Gesammtheit sich mit Rücksicht auf den Erdkörper und auf andere Weltkörper, vor Allem die Sonne, befindet, sowie die Einflüsse, welche die Continente, die Meere und der Luftocean auf einander ausüben. Der genetische Gesichtspunkt fällt der Kosmologie und Geologie anheim.

Haben wir es hier mit den allgemeinsten Gruppen der Erscheinungen zu thun, so gelangen wir zu einer ungleich grösseren Zahl und einer sehr viel reicheren Gliederung der Kategorien, wenn wir die anderen Hauptabtheilungen der physischen Geographie einzeln für sich behandeln; nämlich: die allgemeine Geographie des Luftmeeres oder die Meteorologie; diejenige des die grossen Depressionen erfüllenden Wassermeeres, oder die Oceanographie; und diejenige des Festlandes, mit Einschluss der demselben angehörigen rinnenden und stehenden Gewässer, welche wir als Orologie oder Gebirgskunde (besser Festlandskunde) bezeichnen können. Es lässt sich zwar logisch rechtfertigen, wenn man die Betrachtung sämmtlicher Gewässer der Erde als Hydrologie zusammenfasst und dem Kreislauf des Wassers alle mit ihm in Zusammenhang stehenden Erscheinungen unterordnet. Aber diese zu weit getriebene Consequenz in der Anwendung Eines systematischen Princips ist nicht zweckmässig, indem dadurch Verschiedenartiges verbunden und Zusammengehöriges getrennt wird. Denn der aufsteigende Wasserdampf gehört wegen seiner gasförmigen Gestalt der Atmosphäre an, und die Flüsse sind integrirende Bestandtheile der Gebirge und der Festländer überhaupt.

In jeder der drei grossen Abtheilungen wenden wir nun die vier oft genannten Gesichtspunkte an, um Kategorien der Dinge und der Erscheinungen zu bilden, und viele von diesen lassen sich durch Vergleichung nach denselben vier Principien abermals in Unterkategorien gruppiren. So ergibt die morphologisch-hylologische Betrachtung des Festlandes die Kategorie der mit Seen angefüllten Becken. Diese lassen sich morphologisch eintheilen nach ihrer horizontalen und verticalen Gestalt, ihrer Höhe über dem Meer und der Plastik ihrer Umgebung, sowie nach ihrer Verbindung mit zufliessenden und abfliessenden Gewässern. Der Gesichtspunkt der stofflichen Zusammensetzung kann auf die Beschaffenheit des Wassers, vielleicht auch auf dessen organischen Inhalt angewendet werden; ferner auf die Zusammensetzung der Beckeneinfassung und seiner Umgebung. Das dynamische Princip, welches sonst oft das ergiebigste ist, hat hier geringe Bedeutung; es führt zur Vergleichung nach den Veränderungen, welche die mit Seen gefüllten Becken unter dem Einfluss von Kräften erleiden; periodisches Anwachsen oder gänzliches Austrocknen, Aenderungen durch Bildung von Sedimenten oder Salzkrusten, sowie durch periodische Eisbildung, werden hierbei wesentlich in Betracht kommen. Zahlreich sind die Kategorien, welche der genetische Gesichtspunkt ergibt. Einige von ihnen, welche in der Umgestaltung des fertigen Festlandsskelettes durch Vorgänge von aussen beruhen, sind der geographischen Erörterung zugänglich; andere, welche in der Gestaltung des Gebirgsgerüstes selbst begründet sind, können nur durch geologische Forschung abgeleitet werden.

Da wir uns bereits eingehend über die Aufgaben der physischen Geographie verbreitet haben, können wir uns hier mit diesem allgemeinen Hinweis auf ihre Gegenstände genügen lassen, um die Anwendung unserer systematischen Gesichtspunkte hinsichtlich der beiden anderen Theile der Allgemeinen Geographie ausführlicher zu erörtern.

In der physischen wurzelt die Allgemeine biologische Geographie. Ihr Gegenstand ist das Gesammtverhältniss der Pflanzen- und Thierwelt zur Erdoberfläche.

Der morphologische Gesichtspunkt findet hier seine Erledigung in der actuellen Verbreitung der Pflanzenwelt und Thierwelt im Allgemeinen über die Erde, und zwar in horizontalem und verticalem Sinn. In dem, was man gemeinhin als das Pflanzenkleid der Erde bezeichnet, lassen sich wichtige formgebende Kategorien, lediglich nach dem Gesichtspunkt der äusseren Gestalt, unterscheiden. Humboldt hat einige von ihnen in seiner Physiognomik der Gewächse meisterhaft gezeichnet. Zu diesen Vegatations-Formationen, wie Grisebach sie nannte, gehören z. B. die Wiesen, die Steppen, die Haiden und die verschiedenen Formen der Wälder.

Wir können kaum einen Schritt weiter gehen, ohne den zweiten Gesichtspunkt, der von der stofflichen Zusammensetzung ausgeht, in die Betrachtung zu ziehen. Die Einheiten der Zusammensetzung sind hier die Individuen der Thiere und Pflanzen. Wir haben sie in Kategorien zusammenzufassen und diese, gleichviel ob sie systematischer Art oder nach Aehnlichkeit der äusseren Form geschieden seien, in Beziehung zur Erdoberfläche zu setzen. Die Verbreitungsbezirke, welche sich aus dieser rein statischen Betrachtung ergeben, müssten, um Vollständigkeit zu erreichen, eigentlich für jede systematische Einheit, also auch für jede Art, bekannt sein. Man pflegt sich jedoch auf einzelne Arten oder Familien, welche formgebend oder wichtig sind, zu beschränken. So sind z. B. im Pflanzenreich die Verbreitungsbezirke der Buche, des Weinstockes, des Weizens, der Palmen, der Coniferen, im Thierreich diejenigen des Elephanten, der straussartigen Vögel, der Halbaffen, der riffbauenden Korallen festgesetzt worden. Auf Grund des räumlichen Vorkommens derartiger wichtiger

Typen hat man die Erdoberfläche in Vegetationsregionen und zoologische Provinzen getheilt.

Die Verbreitung ergibt so merkwürdige Resultate, dass sich unmittelbar die Frage nach den Ursachen derselben anschliesst. Und damit ist der dynamische Gesichtspunkt für die biologische Geographie erreicht. In wie mannichfaltiger Weise er zur Geltung kommt, zeigen die speciellen Betrachtungen der chorologischen Geographie über die causalen Wechselbeziehungen, welche in den einzelnen Erdräumen zwischen den Organismen und den natürlichen Verhältnissen bestehen. Die vielfach verschiedenartigen Existenzbedingungen, welche wir dort im Einzelnen kennen lernen, gruppiren wir nun auf Grund der Analyse in Kategorien und fragen nach den causalen Beziehungen der verschiedenen Organismen zu ihnen. Wie wirken Boden und Klima in ihrer örtlichen Aenderung auf die Pflanzen und Thiere? Welchen Einfluss üben sie auf deren Verbreitung? Wodurch sind denselben Grenzen gesetzt? Welches ist die Einwirkung von Wärme, Luft und Feuchtigkeit in ihrem periodischen Wechsel? Wie greift der Mensch als dynamisches Moment modificirend in die Verbreitungsart ein? Wie und weshalb erfolgen die Veränderungen an Pflanzen und Thieren? Das sind einige der zahlreichen Fragen, welche die biologische Geographie von der dynamischen Seite beschäftigen.

Knüpfen wir daran die weitere Frage, wie sich die dynamischen Einflüsse an jedem Ort in der Zeit geändert haben, so kommen wir zu dem genetischen Gesichtspunkt. Wie und warum sind die Pflanzen und Thiere an die Orte gekommen, wo wir sie jetzt finden? Wie haben sich die Existenzbedingungen geändert, um die specifischen Wandlungen, von denen wir durch die biologischen Wissenschaften Kunde erhalten, zu veranlassen? Was hat die Ausbreitung nach gewissen Richtungen gehindert? In welcher Weise und durch welche Einflüsse hat sich die Gesammtheit der organischen Welt in historischer Zeit, oder seit älterer Zeit, z. B. seit der Gletscherperiode, verschoben? Diese aus den einzelnen chorologischen Studien sich ergebenden allgemeinen Fragen umschliessen eine grosse Zahl von Problemen von weittragender Bedeutung. Wir brauchen nur auf einige Gegenstände hinzuweisen, wie den Ursprung der sogenannten Relictenfaunen in Landseen; die Herkunft der Floren und Faunen auf Inseln; die genetische Verbindung nahe verwandter Typen, welche jetzt an wenigen, weit von einander entfernten Punkten auf der Erdoberfläche zerstreut leben, wie z. B. die Lemuriden und Beutelthiere. Diese Probleme haben bereits zur begründeten Annahme theils allgemeiner, theils regional beschränkter Verschiebungen des Klima's geführt. Die Art der Verbreitung borealer Organismen nöthigt zur Voraussetzung einer ehemaligen Kälteperiode, für welche die Geologie und die physische Geographie aus ganz anderen Beobachtungen den Beweis erbracht haben. Das Gleiche gilt für den einer späteren Periode angehörigen Steppencharakter, welchem grosse Theile von Europa unterworfen waren. Aus denselben Problemen ergibt sich der frühere Zusammenhang jetzt getrennter Continente, ebenso wie die frühere Trennung jetzt vereinigter Landstriche. Die Geographie bildet hinsichtlich dieser Fragen das Feld, auf welchem sich Astronomie, Geophysik und Geologie mit der Botanik und Zoologie die Hand reichen. Wie die Wissenschaften häufig dort, wo sie sich berühren und verwachsen, die höchsten allgemeinen Interessen bieten, so ist auch die biologische Geographie ein Gebiet geworden, dessen philosophischer Durchdringung wir einige der anregendsten Ergebnisse der neueren geographischen Forschung verdanken.

Insoweit der Mensch ein Lebewesen ist und als solches einen Gegenstand naturwissenschaftlicher Forschung bildet, könnte man geneigt sein, auch seine Beziehungen zur Erdoberfläche in der biologischen Geographie zu betrachten. In der That war seine Verbreitung nach Rassen und anderen Merkmalen eine Abtheilung der ehemaligen »physikalischen Geographie«. Allein zu den Momenten, welche die Pflanze und das Thier in Beziehung zur Erdoberfläche setzen, kommen bei ihm noch andere, wesentlich bestimmende hinzu. Die Pflanze schützt sich gegen klimatische Einflüsse und andere Feinde durch morphologische Adaptirung, welche der Art angehört, und der sich das Individuum nicht entziehen kann. Bei dem Thier treten dazu die instinktmässigen Triebe, mittelst welcher das Individuum sich künstlich durch eigene Thätigkeit Schutzmittel schafft, sei es durch Nestbau, oder durch Graben von Höhlungen, oder durch periodische Aenderung des Wohnortes; aber kein Thier vermag sich willkürlich diesen Trieben zu entziehen. Auch bei ihm gehören sie der Art, der Gattung oder der Familie an und vererben sich auf alle Nachkommen.

Anders der Mensch. In verschwindendem Maass hat ihm die Natur die Fähigkeit zu physiologischer Adaptirung an die verschiedenen Klimate gewährt. Zweckbewusst schafft sich das Individuum die Schutzmittel, deren es unter verschiedenen Verhältnissen bedarf, und ändert sie nach eigener Willkür. Indem der Mensch Kleidung und Wohnung seinen Bedürfnissen entsprechend gestaltet, vermag er seine Existenz den wechselnden äusseren Bedingungen anzupassen. Er schafft sich Waffen gegen die Hemmnisse, welche das Pflanzenreich seiner Ausbreitung entgegensetzt, ebenso gegen die Feinde aus dem Thierreich. In dem Kampf, welchen der Mensch gegen den Menschen um die Scholle führt, ist es nicht immer, wie beim Thier, der physisch stärkere, welcher siegt, sondern häufiger der, welcher mit höherer Intelligenz sich die geeigneteren Mittel zum Siege schafft und sie am besten zu gebrauchen versteht. Pflanze und Thier können über die gegebenen Mittel zur Ortsveränderung nicht hinausgehen; der Mensch schafft sich Werkzeuge, und nur wenige der Hindernisse, welche die Erdoberfläche seiner Fortbewegung bietet, sind noch unbesiegt. Ebenso ist er nicht, gleich jenen Organismen, auf die Nahrung und Kleidung gewiesen, welche die Natur ihm freiwillig gewährt, sondern er ringt ihr bis zu einem gewissen Grad durch planmässige Mittel die Producte ab, deren er zu seinem Unterhalt bedarf.

Es kann daher nicht als richtig bezeichnet werden, den Menschen, selbst auf der niedersten Stufe seiner Existenz, in der biologischen Geographie zu betrachten. Das zweckbewusste Wollen, welches die Ortsveränderung des Einzelnen wie der Massen bestimmt, macht seine Beziehungen zur Erdoberfläche nicht nur dem Grade, sondern grossentheils auch der Art nach, von denen der Pflanzen und Thiere verschieden. Seine Ausbreitung nach Rassen und Stämmen, nach Völkern und Nationen, nach Sprachen und Religionen, ist das Resultat einer grossen Menge von einzelnen bewegenden Ursachen, zu deren Erklärung die biologischen Gesetze bei weitem nicht ausreichen.

Daher hat sich die Anthropogeographie, wie sie ein geistreicher Forscher in jüngster Zeit genannt hat, zu einem besonderen, dem höchsten, aber auch schwierigsten Zweig der allgemeinen Geographie entwickelt. Wie bei den anderen Zweigen, kommen auch hier die vier Gesichtspunkte der äusseren Gestaltung, der Zusammensetzung, der ursächlichen Beziehungen, d. h. der Kräftewirkungen, und der genetischen Entwickelung zur Geltung.

Die Grundlage der Forschung ist wiederum morphologisch, indem die Vertheilung der Menschen auf der Erdoberfläche, wie sie sich aus der Untersuchung der einzelnen Erdräume ergibt, zusammengestellt wird. Aus der Verbindung der Zahl der Individuen mit dem räumlichen Maass ergibt sich die Bevölkerungsdichtigkeit, welche dann noch in ihren Beziehungen zur Bodenplastik, zur Stromvertheilung und anderen räumlichen Factoren betrachtet werden kann und Material für vielfache vergleichende Zusammenstellung darbietet.

Der Gesichtspunkt der Zusammensetzung führt zur Gruppirung der Individuen nach Kategorien. Diese können nach verschiedenen Principien ausgeführt werden. Das ethnische, das linguistische und das ethische Princip führen zur Unterscheidung nach Rasse, Sprache und Religion. Es lassen sich diese und andere verwandte Principien auch in verschiedene Combinationen stellen, und indem man jedem von ihnen die natürlichen Erdräume, oder die bestehenden Staatenbildungen, oder andere räumliche Eintheilungen als zweites systematisches Princip unterordnet, erhält man abermals Elemente für vergleichende Zusammenstellung nach zahlreichen Gesichtspunkten. Bei weiter Ausdehnung auf der Basis der staatlichen Existenzen würde man zu den statischen Grundlagen einer allgemeinen politischen Anthropogeographie gelangen.

Die Beziehungen aller hier genannter Kategorien zur Erdoberfläche im Ganzen und in ihren einzelnen Theilen sind der steten Veränderung und Entwickelung unterworfen. Um sie zu verstehen, müssen wir wiederum das causale Moment einführen. Wir erhalten dadurch eine dynamische Anthropogeographie. In ihr streben wir ein Verständniss der Einwirkung der Natur der Erdräume auf den Menschen, sowie der Einwirkung des Menschen auf die Umgestaltung der Natur der Erdräume zu gewinnen; also das, was Ritter durch chorologische Betrachtung für einzelne Theile der Erde erzielte, in seiner Allgemeinheit über die Erdoberfläche zu erfassen. Den früheren fragmentarischen Arbeiten über dieses ungemein schwierige Gebiet, unter denen diejenigen Herder's hervorragen, ist vor Kurzem ein Versuch zu wissenschaftlich-philosophischer Behandlung auf allgemeiner Grundlage gefolgt. Die durch Ratzel angeregte Methode, auch die in diesen Bereich fallenden Einzelerscheinungen auf analytischem Weg zu sichten und nach leitenden Principien in Kategorien zu ordnen, berechtigt zu der Hoffnung, dass es möglich sein wird, auf dem eingeschlagenen Weg zur Feststellung eines Systems gesetzmässiger Causalbeziehungen aufzusteigen.

Führen wir endlich den genetischen Gesichtspunkt in die Anthropogeographie ein, so begeben wir uns auf dasjenige Gebiet, wo die Geographie in nächste Beziehung zur Geschichte tritt. Wir erstreben die Erkenntniss der Entwickelung des Menschengeschlechtes zu seiner gegenwärtigen Verbreitung auf der Erdoberfläche und der Art, wie die einzelnen mit der letzteren causal verbundenen dynamischen Factoren zu derselben mitgewirkt haben. In keinem Theil sind die chorologischen Forschungen, welche das Material zu dem Aufbau zu geben haben, so ungleichwerthig.

Eine der zu grösster Höhe gediehenen Wissenschaften, diejenige der Völkergeschichte, umfasst jene Forschung in Hinsicht auf die Völker der westlichen, aus Vorder-Asien und den Mittelmeerländern entsprungenen Cultur und ihrer überseeischen Pflanzstätten, aber nur von dem Zeitpunkt an, in welchem schriftliche Aufzeichnungen über jedes derselben beginnen. In consequenter Weise beschränkt sich die »historische Geographie« auf die Wandlungen territorialer Beziehungen und topographischer Bezeichnungen auf demselben Schauplatz der Länder der westlichen Cultur, sowie auf die Wege, in denen die Ausbreitung der räumlichen Kenntniss der Erdoberfläche von ihnen aus sich vollzogen hat. Bezüglich der Zeit vermag sie über den Anfang der Geschichte nicht zurückzugehen.

Bilden auch die Völker und Staaten, welche die Geschichte behandelt, den für uns weitaus wichtigsten Theil der Menschheit, so umfassen sie doch numerisch nur einen geringen Bruchtheil derselben. Die Begebnisse, welche zur gegenwärtigen Vertheilung der Menschen auf dem ausgedehnten Schauplatz der ostasiatischen Völker und Staaten geführt haben, die ebenfalls uralte Aufzeichnungen besitzen, aber erst in neuerer Zeit in nähere Berührung mit dem Westen gekommen sind, werden in der Weltgeschichte noch kaum berücksichtigt. Wenn die letztere bezüglich derselben immerhin noch einiger, mit der Erdoberfläche in keinem nothwendigen Zusammenhang stehender leitender Ereignisse gedenkt, so fallen aus ihrem Rahmen die sogenannten Naturvölker, denen der grösste Theil der festen

Erdoberfläche zugehört, vollkommen heraus, und in gleicher Weise lässt sie die den schriftlichen Aufzeichnungen vorangegangenen Entwickelungen auch bei den Culturvölkern unerörtert.

Der genetische Gesichtspunkt darf sich bei seiner Anwendung auf die allgemeine Anthropogeographie nicht die engen Grenzen setzen, welche für die Geschichtsforschung durch die ihr eigenthümliche strenge Methode geboten sind; er muss sich auf die gesammte Menschheit beziehen. Gegenwärtig vermag die erstgenannte Wissenschaft allgemeine Aufgaben noch wenig in Angriff zu nehmen. Aber der Aufschwung der ihr eng verbundenen Ethnologie, welche sich mit Vorliebe den geschichtslosen Völkern zuwendet, die mit regem Interesse betriebenen Studien über die Urgeschichte der Menschheit in den Culturländern, und die allmähliche Einführung exacter Methoden in die schwierige Wissenschaft der Anthropologie führen zur wachsenden Erkenntniss früherer Völkerbewegungen, welche in engem Zusammenhang mit den Formen und der Natur der Oberfläche stehen.

So sehen wir z. B. in den an das östliche Mittelmeer grenzenden Gegenden weit ausgebreitete niedere Tafelländer, in welchen die Schichtgebilde der Kreide und des älteren Tertiär horizontal gelagert sind, fast ungestört im nordöstlichen Africa, mehrfach gebrochen in Arabien, Syrien und Mesopotamien; dazu einige Vertiefungen von den Alluvionen grosser Ströme ausgefüllt. In schroffem Contrast und scharfer Begrenzung schliesst sich daran das eranisch-armenisch-kleinasiatische Gebirgsland, durch eingesenkte weite Hochflächen ausgezeichnet, und setzt sich dann in reicher Gliederung nach der thrakischen Halbinsel fort. Derselbe Contrast, welcher dadurch verursacht wird, dass hier die gleichen Schichtgebilde, die dort horizontal lagern, wellig zusammengefaltet und den denudirenden Agentien ausgesetzt worden sind, spiegelt sich in der Völkerverbreitung. Denn jenes Plattenland ist der Schauplatz khamitisch-semitischer Cultur und Geschichte, während die Bodenschwellung seit früher Zeit der Sitz von Völkern arischen Stammes gewesen ist. Die Geschichte der Besiedelung, der Wanderungen und Kriegszüge, die Entwickelung der Culturen, die Wechselverhältnisse beider Völkergruppen hängen eng mit der Weltstellung und verschiedenen Natur der beiderlei Wohnsitze zusammen. Aehnliche Erscheinungen, wenngleich weniger in die Geschichte eingreifend, kehren wieder, wenn wir den Gegensatz zwischen der ostindischen Halbinsel mit ihren horizontal ausgebreiteten Schichtgesteinen und eingesenkten Alluvialebenen einerseits und der mit der hochgradig zusammengefalteten Umwallung des Himâlaya beginnenden, ebenfalls durch eingesenkte Flachbecken ausgezeichneten tibetischen Bodenanschwellung betrachten, oder den Contrast zwischen den Flachgebirgen und Alluvialbecken Brasiliens und den in dem Hochgebirge der Anden eingesenkten Hochlandbecken von Peru und Bolivia.

Wir haben auf Grundlage unserer vier leitenden Gesichtspunkte die wichtigeren Bahnen angedeutet, welche die Anthropogeographie in erster Linie einzuschlagen hat. Ihr gemeinsamer Charakter besteht darin, dass sie unmittelbar vom Menschen ausgehen und ihn in seinem Verhältniss zur Erdoberfläche und zu der ihn umgebenden Natur betrachten. Wir können davon eine andere Gruppe von Bahnen der Forschung und Darstellung unterscheiden, welche daraus hervorgehen, dass wir die Fähigkeit des Menschen, sich nicht nur seinen Wohnort zu bestimmen, sondern sich auch seine

Existenzbedingungen an jedem Wohnort selbständig zu gestalten und die Natur in seinen Dienst zu ziehen, voranstellen und von dieser Seite sein Verhältniss zur Erdoberfläche erörtern. Es ist das der geistigen Cultur zu Grunde liegende Element der materiellen Cultur, welches dadurch in den Vordergrund der Betrachtung tritt. Der Anbau des Bodens, die Aenderung der Wasserläufe zum Zweck der Bodencultur, die periodischen Wanderungen der Nomaden mit ihren Heerden, die Züchtung und Verwendung der Hausthiere, die Gewinnung nutzbarer Mineralien aus dem Boden, die Verwerthung der Producte in der Industrie, die auf diese Beschäftigungen gegründeten Ansiedelungen — dies sind einige der hierher gehörigen Gegenstände, welche sich aus der chorologischen Einzelerforschung loslösen und sich in ihrer Verbreitung über die Erdoberfläche rücksichtlich ihres Causalzusammenhanges mit deren Beschaffenheit in Erörterung ziehen lassen. Wir können sie, trotz der in ihnen implicirten Bewegung, als statisches Moment dem dynamischen gegenübersetzen, welches aus der Bewegung der natürlichen und der der Natur künstlich abgerungenen Producte über den Erdball hervorgeht. Es ist das Gebiet des Handels und Verkehrs und der für sie geschaffenen Mittel, welches dadurch in die allgemeine Geographie gezogen wird und durch Einführung des genetischen Gesichtspunktes zu einer Geschichte der Wege und Mittel des Handels und Verkehrs in Beziehung auf die Erdoberfläche in ihren mannichfachen Wandlungen leitet.

Mit der materiellen ist die geistige Cultur, sowohl in ihrer örtlichen Entwickelung, als in ihrem Fortschreiten von einem Volk zum anderen und von ursprünglichen Stätten zu ferner gelegenen, eng verbunden. Es gehört zu den am zeitigsten gereiften Erkenntnissen anthropogeographischer Betrachtung, dass gewisse Stellen der Erde in Folge ihrer natürlichen Bedingungen zur Entwickelung der Keime höheren geistigen Lebens am geeignetsten waren, und zwar jede nach ihrer besonderen Art und in ihrer eigenthümlichen Richtung; dass gewisse Bahnen dem Fortschreiten besser dienten als andere; dass die klimatischen Bedingungen die Form der Cultur zu beeinflussen vermögen; dass diese ebenso unter der Ueberfülle der Producte wie unter ihrem Mangel zu Grunde geht und am kräftigsten dort gedeiht, wo die Natur ihre Vergünstigungen in einem mittleren Maass gewährt. Wenn an diese hohen Probleme nicht nur die chorologische, sondern auch die analytisch-abstrahirende Forschung am frühesten heranschritt, so stehen wir doch heute vor ihnen mit Zagen. Es treten andere Factoren hervor, welche mit der Beschaffenheit der Oberfläche in keinem erkennbaren Zusammenhang stehen. Die geistige Veranlagung der Rasse; die Gunst oder Ungunst der polischen Lage; die plötzliche Erstarkung einer Macht durch die Energie Eines Mannes, wie der arabischen durch Mohamed, der chinesischen durch die Dynastien der Han und der Tang; die Vernichtung hoher Cultur durch kriegerische Einfälle — dies sind Momente, welche tief eingreifend wirken, und welche ausserhalb des geographischen Gesichtspunktes stehen. Ueberdies ist es, im Gegensatz zu den Zeiten des Alterthums, der fortschreitenden geistigen Cultur der Menschheit gelungen, ihre Abhängigkeit von den natürlichen Bedingungen vermöge der ihr innewohnenden eigenen Kraft einzuschränken. Aber um so wichtiger ist es, diese Factoren, soweit sie einen allgemeinen oder auch nur beschränkten Bestand haben, mit Klarheit zu erkennen. Es wird sich dann ergeben, inwieweit die Erde, das heisst die von Ort zu Ort wechselnde Summe aller die Beschaffenheit der Erdoberfläche bedingenden Factoren, in der That das Erziehungshaus des Menschengeschlechtes gewesen ist, und welche ethische und historische Factoren fördernd oder hindernd, oder überhaupt modificirend in diese Erziehung eingegriffen haben. Die geographische Betrachtung der genetischen Entwickelung kann immer nur einen, wenn auch wichtigen Beitrag zu einer allgemeinen Philosophie des Menschengeschlechtes und der Geschichte seiner geistigen Cultur liefern.

Blicken wir zurück.

Als die erste Aufgabe der wissenschaftlichen Geographie haben wir gefunden: die Erforschung der festen Erdoberfläche nebst Hydrosphäre und Atmosphäre nach den vier Principien der Gestalt, der stofflichen Zusammensetzung, der fortdauernden Umbildung und der Entstehung, unter dem leitenden Gesichtspunkt der Wechselbeziehungen der drei Naturreiche untereinander und zur Erdoberfläche.

Die zweite Aufgabe ist die Erforschung der Pflanzenbekleidung und der Thierwelt in ihren nach denselben vier Principien stattfindenden Wechselbeziehungen zur Erdoberfläche.

Die dritte behandelt den Menschen und einzelne Momente seiner materiellen und geistigen Cultur unter demselben Gesichtspunkt nach denselben vier Principien.

Zwei Methoden führen zum Ziel.

Der concret beschreibenden Methode bedient sich die darstellende Geographie, welche in ihrer reinsten Form, der Chorographie, den Thatsachenschatz nach einem obersten räumlichen Eintheilungsprincip in den durch die sechs Naturreiche gegebenen Unterabtheilungen registrirt.

Die zweite Methode, welche analytisch verfährt, ist bezeichnend für die allgemeine oder analytische Geographie. Diese fasst die in der beschreibenden Geographie aus jedem der sechs Naturreiche gegebenen Gegenstände und Erscheinungen in Kategorien zusammen und betrachtet dieselben, unabhängig von den Erdräumen, nach den vier angeführten Principien, unter steter Berücksichtigung des leitenden Gesichtspunktes der causalen Wechselbeziehungen zur Erdoberfläche.

Aus der Verbindung Beider geht die chorologische Betrachtungsweise hervor. Ihr Wesen besteht darin, dass sie alle einen Planetentheil constituirenden Factoren, oder einen Theil derselben, in ihrem ursächlichen Zusammenwirken betrachtet. Durch die analytische Methode der Forschung wird sie mit der allgemeinen, durch die von der Synthese ausgehende Methode der Darstellung mit der beschreibenden Geographie verbunden. In specieller Anwendung erscheint sie entweder als Chorologie eines Erdraums, oder als Betrachtung mehrerer oder aller einzelnen Erdräume unter dem Gesichtspunkt einer Gruppe von Causalverbindungen, z. B. der klimatischen Factoren allein, oder des Klimas und der Pflanzenbekleidung, oder des Einflusses der Gebirge auf den Menschen. Durch die Einführung einer allgemeinen chorologischen Betrachtungsweise wird die Chorographie philosophisch durchgeistigt.

Es kann vermessen erscheinen, einer Wissenschaft eine so grosse Fülle von Stoff und so umfassende und vielseitige Aufgaben zuweisen zu wollen, wie sich aus unseren Erörterungen für die Geographie ergeben haben. Auch liesse sich wohl darauf hindeuten, dass sich das zu Viel bereits in einem Zerfallen der Wissenschaft documentire. Denn wie sich aus der ehemaligen Mineralogie die Krystallophysik, die Petrographie, die Paläontologie, die Stratigraphie und die allgemeine Geologie entwickelt haben, so stehen bereits die Meteorologie, die Oceanographie, die Geographie der Thiere und Pflanzen, die Völkerkunde und die Staatenkunde als mehr oder weniger selbstständige Disciplinen innerhalb des Rahmens der Geographie da. Allein diese Vielheit wird zu einer Einheit verbunden durch die Einheitlichkeit des leitenden Gesichtspunktes, nämlich desjenigen der causalen Wechselbeziehungen mit Rücksicht auf die Erdoberfläche. Durch ihn sind die Mittelglieder eben so eng unter einander verknüpft wie die Endglieder; und da gerade diese, die Erdoberfläche und der Mensch, von den ältesten Zeiten bis heute stets als die am meisten integrirenden Theile der Geographie betrachtet worden sind, so ist es nicht möglich, eines der zahlreichen Zwischenglieder fallen zu lassen, ohne den Zusammenhang des Ganzen zu beeinträchtigen.

Wir brauchen vor der Fülle und Weite der Aufgaben nicht zurückzuschrecken. Das Feld ist gross. Aber die Arbeit theilt sich unter Viele. Niemand vermag heute auf allen Gebieten der Geographie zu forschen. Aber wer sich ihr ernstlich widmet, kann sie sich hinreichend aneignen, um den Fortschritten in allen Zweigen zu folgen; und wem das Glück zu Theil wird, durch bescheidene Beschränkung auf einen Theil vertiefend und fördernd zu wirken, der sollte stets bestrebt sein, die Beziehung des Theiles zur Allgemeinheit zu erfassen und den Zusammenhang des Ganzen nicht aus den Augen zu verlieren.

Ein Wort über das Studium der Geographie sei mir zum Schluss gestattet.

Wenige Wissenschaften haben in solchem Maass wie die Geographie das Schicksal gehabt, dass Viele sich ihr in dem Wahn ergaben, sie sei ein Feld, auf dem man ernten könne, ohne zu säen. Weil ein grosser Theil dessen, was ernste Forscher in ihr errungen haben, sich dem Verständniss leicht erschliesst, glaubt man ohne Vorbildung erfolgreich in ihr arbeiten zu können und durch die leichte Mühe der Aufzeichnung flüchtiger Reisebeobachtungen oder kritikloser Compilation Lorbeeren zu verdienen. Eine nicht enden wollende Fluth von oberflächlicher Literatur, welcher trotz ihrer Mängel das Verdienst der Popularisirung nicht abgesprochen werden darf, hat selbst das Urtheil eines grossen Theiles der Gebildeten über den wissenschaftlichen Gehalt der Geographie zu verdunkeln vermocht.

Es steht aber, wie bei der Geschichte, die scheinbare Leichtigkeit, mit der ein grosser Theil der gewonnenen Thatsachen dem allgemeinen Verständniss zugänglich ist, im Gegensatz zu der Schwierigkeit gründlichen Forschens. Wer nach allgemeiner geistiger Durchbildung strebt, der wird das Studium der Ergebnisse der heutigen wissenschaftlichen Geographie mit Gewinn und Genuss betreiben. Fast jede Richtung geistiger Interessen findet in ihr Berührungspunkte, welche wiederum Beziehungen mit anderen Interessenkreisen vermitteln. Wer sich aber selbstthätig geographischen Aufgaben zu widmen beabsichtigt und Neues zu fördern strebt, sei es durch Beobachtung in der Natur oder durch häusliches Studium, vermag es nur auf der Basis gründlicher Vorbildung zu thun.

Worauf nun soll sich bei einer so vielseitigen Wissenschaft die Vorbildung für schaffende Arbeit erstrecken? Es wäre ein falscher Weg, wenn wir antworten wollten: auf die Geographie in ihrer Gesammtheit. Es ist gerade das Einschlagen dieses Weges, welches die Oberflächlichkeit in hohem Maass verschuldet hat.

So wenig man heute in der Physik fördernd arbeiten kann ohne das Studium der Mathematik, oder in der alten Geschichte ohne Philologie, oder in der Geschichte des Mittelalters ohne Rechtswissenschaft, oder in der Mineralogie ohne Physik und Chemie, so wenig kann man die Geographie zum Zweck eigener Forschung in ihr betreiben, ohne wenigstens eine der grundlegenden Disciplinen zu beherrschen. Das sicherste Fundament ist die Geologie in ihrem ganzen Umfang, weil sich an ihrer Hand dem geographischen Forscher das Verständniss der Erdoberfläche, also der Grundlage für alle geographischen Beziehungen, und zugleich die methodische Behandlung anderer Gegenstände erschliesst. So leicht die Ergebnisse der Meteorologie sich erfassen lassen, kann doch heute Keiner hoffen, ohne Kenntniss der Physik und Mathematik Neues in ihr zu schaffen. Für denjenigen, welcher in der biologischen Geographie arbeiten will, ist die Kenntniss der biologischen Wissenschaften, also der Botanik und Zoologie, einschliesslich der Paläontologie, unentbehrlich. Das Studium der Geschichte und der Statistik ist von Wichtigkeit für die Befähigung zu eigener Leistung in den dynamischen und genetischen Theilen der Anthropogeographie, sowie in der Geschichte der Wissenschaft selbst und der Ereignisse, welche die räumliche Erweiterung der Kenntniss der Erdoberfläche herbeigeführt haben. Aber eine

Anschauung des Schauplatzes der Begebenheiten gibt das historische Studium ebenso wenig, wie sich ihm eine Methode für eigentlich geographische Forschung entnehmen lässt. In dieser Beziehung kehrt sich das Verhältniss um, indem die Kenntniss der Erdoberfläche und ihrer natürlichen Bedingungen dem Historiker das Verständniss eines wichtigen Theiles der den geschichtlichen Vorgängen und Culturentwickelungen ursächlich zu Grunde liegenden Motive ermöglicht.

Die Art des Studiums der Geographie hängt also von dem Zweck ab, den der Einzelne damit verbindet. Mit ihren allgemeinen Ergebnissen sollte jeder Gebildete vertraut sein. Wer sich behufs praktischer Ausübung die „Schulgeographie" anzueignen strebt, wird die Mittel und Wege kennen lernen müssen, durch welche die Ergebnisse gewonnen worden sind, und sollte die von der allgemeinen Geographie gelehrten Erscheinungen zu erklären und zu begründen verstehen. Eine allgemeine geistige Durchbildung wird ihm gestatten, dies mit einem mässigen Aufwand von Zeit und Mühe zu erreichen. Die Methoden der Messung und Beobachtung hat sich derjenige praktisch anzueignen, welcher Reisen in wenig bekannten Ländern zur Aufsammlung von nutzbarem Material zu verwerthen wünscht. Wer aber selbstthätiges, förderndes Schaffen durch eigene wissenschaftliche Verarbeitung mit den Beobachtungen in der Natur zu verbinden strebt, der sollte, je höher er seine Ziele stellt, desto mehr seine Vorbildung auf einen Theil der Geographie und ihrer grundlegenden Hilfswissenschaften concentriren, ohne die Ausbildung in den anderen Theilen zu vernachlässigen. Man sollte insbesondere stets bedenken, dass die Wissenschaften überhaupt, in dem Verhältniss als die Theilung der Arbeit fortschreitet, in die Tiefe wachsen, und dass, wer auf die Dauer eine hervorragende Stellung im Wettlauf einnehmen will, seine Kräfte dadurch stählen muss, dass er in der von ihm gewählten Richtung die Grundlagen seiner wissenschaftlichen Ausbildung noch tiefer befestigt, als sie in dem Zeitpunkt seiner Studien üblich sind.

Es dürfte aus unseren Erörterungen hervorgegangen sein, dass es wesentlich die Stellung der Geographie inmitten anderer Disciplinen ist, welche ihre bestimmte substantielle und methodische Auffassung erschwert. Ist aber diese gewonnen, so lassen sich nach allen Richtungen die Grenzen ihrer Aufgaben annähernd erkennen. Viele Fäden verbinden sie mit anderen Wissenschaftszweigen, welche ihr als Organe Nahrung zuführen. Aus dem Zusammenströmen des verschiedenartigen Materials entwickeln sich auf ihrem durch Messung und Beobachtung gewonnenen Boden neue Probleme, welche sie durch Analyse und Schlussfolgerung auf der Grundlage der ihr eigenthümlichen leitenden Gesichtspunkte selbstständig verarbeitet, und durch deren Lösung sie theils auf jene Organe befruchtend zurückwirkt, theils selbst wieder als Organ anderen Wissenschaften Material zuträgt. So nimmt sie eine centrale Stellung ein, und nur zum Schaden fast aller anderen Wissenschaftszweige könnte sie daraus entfernt werden.

Doppelt fühlbar macht sich der wohlthätige Einfluss ihrer vermittelnden Stellung in einer Zeit, in welcher die geistigen Richtungen weit auseinander gehen. Die exacte Methode der Naturwissenschaften führt leicht zur Unterschätzung der idealen Richtung, welche das auszeichnende

Merkmal der historischen Wissenschaften bildet. Kein Zweig der Forschung verbindet beide Richtungen in gleicher Weise wie die Geographie. Je mehr heute ihre durch Humboldt befestigte materielle Seite zur Geltung kommt, desto heller strahlt das Verdienst Ritter's, welcher die ideale Anschauungsweise geweckt hat. Aus der Vereinigung Beider erwächst die heutige wissenschaftiiche Geographie. Auf exactem und realem Fundament baut sie sich auf, um sich in fortlaufender und einheitlicher Stufenfolge der Betrachtung zu Problemen zu erheben, welche zu den höchsten gehören, die den menschlichen Geist innerhalb der sinnlich wahrnehmbaren Welt beschäftigen. In vollendeter Gestalt würden sie sich am meisten dem Ideal nähern, den Gesammtplan der Schöpfung, soweit er dem beschränkten Auffassungsvermögen des Menschen zugänglich ist, darzustellen und die Grundlagen zu Betrachtungen über das zu geben, was jenseits der Grenzen seiner Verstandes-Auffassung liegt.

Darin ist auch einer der Gründe der Erscheinung zu suchen, dass die Geographie in unserer Zeit mit besonderer Vorliebe gepflegt wird. Kühne Unternehmungen, welche die räumliche Kenntniss des Erdballs erweitern, stete Beobachtung in der Natur und unmittelbares Eingreifen in weltbewegende praktische Aufgaben verbinden sich auf ihrem Boden mit den Erfordernissen strengster Methode in Messung und Beobachtung und mit der Anregung, welche das Verständniss der anorganischen und organischen Welt und ihres Causalzusammenhanges mit der Erdoberfläche mit sich bringt. So beschäftigt sie den Geist nach allen Richtungen. In dieser Vielseitigkeit liegen ihre Schwierigkeiten und ihre Gefahren; in ihr aber ist auch ihr hoher Nutzen und ihre wachsende Bedeutung begründet.

Druck von Metzger & Wittig in Leipzig.

FSC
www.fsc.org
MIX
Papier | Fördert gute Waldnutzung
FSC® C083411

Zeitfracht Medien GmbH
Ferdinand-Jühlke-Straße 7
99095 Erfurt, Deutschland
produktsicherheit@kolibri360.de